U0187057

工薪族理财

涨薪水不如会理财

寅懋 编

中国华侨出版社

北京

图书在版编目（CIP）数据

工薪族理财：涨薪水不如会理财 / 寅懋编.—北京：中国华侨出版社，2022.1

ISBN 978-7-5113-8447-8

Ⅰ.①工… Ⅱ.①寅… Ⅲ.①财务管理－通俗读物 Ⅳ.①TS976.15-49

中国版本图书馆CIP数据核字（2020）第230308号

工薪族理财：涨薪水不如会理财

编　　　者：	寅懋
出 版 人：	刘凤珍
责任编辑：	江　冰　桑梦娟
封面设计：	阳春白雪
文字编辑：	单团结
美术编辑：	宇　枫
经　　销：	新华书店
开　　本：	880毫米×1230毫米　　1/32　　印张：11　　字数：224千字
印　　刷：	唐山楠萍印务有限公司
版　　次：	2022年1月第1版　　2022年1月第1次印刷
书　　号：	ISBN 978-7-5113-8447-8
定　　价：	42.00 元

中国华侨出版社　北京市朝阳区西坝河东里77号楼底商5号　　邮编：100028
发 行 部：（010）64443051　　　　传　真：（010）64439708
网　　址：www.oveaschin.com　　　E－mail：oveaschin@sina.com

如发现印装质量问题，影响阅读，请与印刷厂联系调换。

俗话说，"吃不穷，穿不穷，算计不到就受穷"。这句话道明了理财在生活中的重要性。说到理财，很多工薪族的第一反应是：没财理什么啊？就那点儿钱，刚够过日子，还理什么财啊？问题就出在这种观念上。正因为钱少，才需要理财。只有理财，才能聚钱。事实上，越是没钱的人越需要理财。

现如今，理财产品种类繁多，理财方式不胜枚举，工薪阶层应根据自身情况，掌握一些理财的方法和技巧。其实，工薪阶层只要根据自己家庭的收支情况，细心核算，认真规划，是不难找到适合自己理财的"经济公式"的。

工薪族更需要理财，把理财作为一种手段，规划好未来的生活图景。这样，一旦遇到风险就不会因财力不足而穷于应付，进而导致家庭生活的巨变，甚至引发各种社会问题。

并且，在当今社会，如果不会理财，个人的财富只会贬值。

可以说，在这个知识经济时代，理财水平的高低将成为影响工薪族是否有钱的关键因素。成为理财时代的赢家，运用财富创造故事和传奇，是我们大家心中的美好愿景。

为了让广大的工薪族能够学会理财，善于理财，顺利地走上理财的道路，编者特针对当前工薪族的生活特点编写了这本《工薪族理财：涨薪水不如会理财》。

本书针对当前工薪族的生活特点，首先从观念上纠正了广大工薪族对理财的错误看法，以真实的事例和数据让大家明白"工资是靠不住的"，鼓励广大工薪族树立正确的理财观念，早早进行理财；然后再以各种丰富翔实的、日常生活中经常遇到的鲜活事例教大家如何应对理财过程中的具体情况，所涉及的生财途径丰富、全面，包括股票、基金、债券、银行理财产品等，从总体上手把手地教大家一些投资理财的方法和技巧，让手中的钱物尽其用，以钱生钱，财富便会源源不断，生活的繁重压力也将离我们越来越远。

希望通过本书能让广大工薪族补充理财知识，提高财商，善于理财，早日实现财务自由，过上期盼已久的富足生活。

目录
CONTENTS

第一章
思路：靠涨薪不如会理财

第一节　高薪水比不上会理财

上班赚钱很重要，聪明理财更重要

有很多工资较高的年轻工薪族认为理财不重要，他们凭借自己的学历和知识，找到的工作自己也非常满意。因为高薪，用不了多长时间他们就能够为自己打下丰厚的经济基础。在他们的眼中，自己每个月的工资都足够自己花，想买什么就买什么，没有必要理财。

其实，这种想法会让他们未来的生活陷入困境，虽然现在我们正在领着工资，每个月一领，每个月都有固定的收入，我们不会感觉到金钱对我们生活的影响有多大。如果拿着高薪而不理财，我们的生活一样会陷入令人尴尬的境地。

2007年12月17日，BBC中国网上登载了这样一则新闻：由于负债累累，20世纪80年代英国著名的电视新闻记者、主播艾德·米切尔成了无家可归的流浪汉。

在英国新闻界，艾德·米切尔曾经红极一时。在其巅峰时期，他主持过英国独立电视公司ITN晚上10：00的新闻联播，还曾采访过多位英国以及世界政界要人，例如英国前首相撒切尔夫人和梅杰、美国前总统卡特等。

当年，他拥有让人眼红的10万英镑的年薪、价值50万英镑的房子、每年两次的海外度假，拥有美丽的妻子、可爱的儿女以及奢侈的生活。总之，现代生活中能享受到的，他几乎都享受到了。

然而在2001年，艾德·米切尔却被迫"下岗"了。遭解雇后，他的噩梦便开始了。在失业前，他累积的几万英镑的信用债务像滚雪球般越滚越大，为了还清旧债，他不得不申请新的信用卡。于是在几年时间里，他总共欠下了25张信用卡的将近25万英镑的债务。

2005年，妻子与他离婚。艾德·米切尔不得不变卖了房子来还债。最终他无家可归，沦落到在海滨城市布莱顿街头露宿。

红极一时的新闻主播、记者，拥有让大家羡慕的年薪，到最后却沦落为街头露宿者。从中我们可以看到，上班拿着高薪的人并不能保证自己的生活一片坦途。我们看看理财能够给我们的生活带来什么。

小卢毕业后成了一名北漂。刚来北京找工作时，他走了不少弯路，经历四个月痛苦的寻觅之后，终于在一家理财公司落下了脚，目前税后月薪6000元左右。小卢现在还是单身，在不考虑家庭因素的情况下，他认为："45岁之前，赚400万元才够花。"具体说法就是，如果想在45岁退休的话，至少要有400万元现金的"闲钱"，才能在退休后用这笔钱继续投资赚养老金。由于从事与理财相关的工作，他从一入公司就已经认识到理财规划的重要性，因此，小卢早早地开始了自己的理财规划。

到现在为止，小卢已经工作两年了，现在他的"资产"主要集中在股票上，他手上有市值近10万元的股票，基金定投账户有10000元，还有现金2500元。现金之所以如此少，是因为他2011年购买了iPad、iPhone这些数码产品。

　　小卢才工作了两年，就已经积累了十几万元的资产，而且还能够跟着时代的潮流走。这主要还是归功于他一工作就懂得理财。如果他和目前大多数工薪族一样，只重视自己薪水的高低，相信现在他也就只能拥有那些标志时代潮流的 iPad、iPhone 等产品，而不会有那么多的资产了。

　　我们看看艾德·米切尔和小卢，假设最后小卢也跟艾德·米切尔一样失业了，相信小卢不会像艾德·米切尔一样流落街头、无家可归。艾德·米切尔虽然领着高薪，但是他没有理财的意识，失业之后财路断了，债务就越滚越大。小卢的工资虽然没有艾德·米切尔的工资高，但是他懂得"让钱生钱"，又没有借贷，即使他失业了，他还是会有一些投资方面的收入，他的财路并没有断，而且没有债务拖累他。通过他们两个人的对比，我们就可以看出，上班赚钱很重要，聪明理财更重要。

　　有些工薪族努力工作，省吃俭用，但始终都在为"钱"发愁。他们常常问自己："钱都到哪里去了？我好像什么都没有做，钱就花光了。"问题的答案就在于他们没有良好的理财意识和习惯，一辈子都在糊里糊涂地工作、无计划地花钱，因此赚得再多也积累不下多少财富，更谈不上享受高品质的生活了。

我们必须明白，理财能力与挣钱能力是相辅相成的，一个有着高收入的工薪族应该有可靠的理财方法来打理自己的财产，从而进一步提高自己的生活水平，拥有更多的财富。

靠涨薪不如靠自己理财

薪酬是工薪族生活的最大重心，他们在找工作的时候，最关心的问题就是薪酬的状况。而且，绝大多数的工薪族都不会满足于自己当前的工作收入，他们总觉得自己还能够得到更高一点的工作支付。

百度人才在 2011 年曾经做过一个关于"职场发展"的调查。调查显示，六成职场人对自己的职业发展状况"不满意"，其中，24% 的人"非常不满意"，39% 的人"不太满意"。薪资不给力，前景不明确，是导致职场人不满意的主因。79% 的职场人最不满意的是"薪酬"，认为薪酬涨幅没能跑赢 CPI，尤其在东北、华东、华中、西北地区，职场人对薪酬的不满情绪最大。

涨薪，是每一个工薪族的最大希望。2011 年百度人才的调查数据显示，89% 的职场人明确表示希望公司增加福利的方式是"直接涨薪"。尤其在北京，95%的职场人明确表达了这种意愿。

在现实生活中，多数工薪族都在费尽心思去想如何涨薪，有些人加班加点完成更多的工作，而有些人是鼓足勇气向老板提出加薪要求，更有些人是通过不断地跳槽来达到涨薪的目的。

在很多工薪族的心中，涨薪是改善生活质量的唯一出路，但是看看我们身边的朋友，那么多人每天都勤勤恳恳地工作，想以此换取更多的薪资报酬，从来不敢过度享受，然而，生活依然是紧巴巴的。

张颖在一家大型国企工作了10年，工资从4000元涨到6000元。按说工资涨了2000元，生活应该有所改善，但是张颖说："6000多元的工资，是广州大多数白领的工资水平，不用担心日常生活的开支问题，但是若和房价一比，工资便缩水得厉害。2003年，广州市中心最高的房价不过每平方米5000多元，而现在5000多元也只能买1/4平方米了。"

从中我们可以看到，在工资上涨的同时，其他东西的价格也在上涨，张颖所说的房价只是我们生活中的一个极小的部分。只要我们细心比较，就会发现我们生活中的所有东西都会随着时间的推移不停地在涨价。如果我们的收入足够多，增长足够快，攒钱的速度也会比别人快，也就能构成变相的投资回报率，那样的话，我们的生活确实能够有所改善。

理想很丰满，现实仍然很骨感，可能很多人想象不到，2003~2010 年，实际上是处在社会金字塔中部的工薪阶层的薪水涨得最慢。有人表示他已经工作六年了，工资一直在原地踏步，而大多数的工薪族年收入都在 10 万元以下，而且大部分人认为从现在开始直到退休，自己的收入很难再有增长或增长不会超过 10%。如果是这样的状况，我们想要过上好日子，依靠涨薪肯定是靠不住。

其实，工薪阶层如果有了理财的观念，生活就不会如此窘迫。为什么这样说呢？很简单，因为靠理财增加财富的速度远比靠涨薪快。

想想看，如果我们每个月工资为 2000 元，拿出工资的 10% 即 200 元来投资，若年收益率为 10%，则两年下来，就可以得到 5333.46 元。而要求老板涨薪，想了好久终于提出加薪要求，老板给涨了 200 元钱，这样两年下来，也就是

4800元钱。而且，我们都明白，并不是每一次要求加薪都能够得到肯定答复。因此，靠理财来规划自己的收入，比要求老板涨薪更容易，同时收获也更多。

王云和她老公就是靠着理财从平凡的月薪族变成了人人称羡的"薪贵族"。

王云和她老公两人每年工资差不多80000元，他们从结婚开始，就每年强制存下50000元。几年下来，两人在北京买了一套90平方米的房子，当时房价还没有现在那么高，4200元/平方米，房价378000元，付了首付108000元，剩下的27万元分15年还，每月付2000元。虽然两个人的支出多了2000元的房贷，但是他们仍然保持强制存钱的习惯，3年之后，又存下了120000元。

这期间，他们也一直在模拟炒股，经过3年的模拟操作，他们也有了一些市场敏感度，于是把这些钱都投入股市，在2009年年初回收290000元，一下子就还清了房贷，还买了一辆小车作为代步工具，他们的生活越过越红火。

一对收入不算高的夫妻工作几年，靠着有效率的理财，在北京住上了自己的房子，还买了小车，而且还没有欠款，这都是他们自己理财理出来的。

大家都知道，现在通货膨胀速度高涨，如果不做任何投资，到 2015 年，100 万元也就只相当于目前 78 万元左右的购买水平，如果一家三口要生活，还有教育费用等，就算薪水涨得快，可能也根本不够几年花的，更不用说随时可能产生应急支出。靠涨薪，还不如靠自己的理财来得实在。

即使每个月的收入微薄，只要能够合理规划，同样能聚沙成塔。理财不是一蹴而就的，它是一个循序渐进和积少成多的过程。

不理财，你的生活压力会越来越大

这个时代，工资是靠不住的，如果我们还在对一笔不菲的年薪津津乐道，那意味着我们未来的生活压力很可能会越来越大。只靠工资支撑自己的生活，我们就掌握不了生活的主动权。

很多时候，我们所在单位效益如何，就是我们过上好日子的决定性因素。如果单位不景气，或在某一段时期效益不好，我们的生活就会很艰难。而且，随着年龄的增长，我们会成为上有老下有小的"夹心一族"，这个时候，压在工薪族身上的担子就更加沉重，若还是每月盼着薪水过日子，恐怕生活会比较艰难，经不起一点意外。正因如此，如果现在不理财，我们的生活压力就会随着我们年龄的增长不断地加大。

首先，我们不可能租 300 元 / 月的房子过一辈子。在我们每个人心中，"家"还是占据了非常大的分量，而在多数中国人眼中，"家"最重要的标志就是有一套自己的房子。如今，房价不断上涨，上涨幅度远远超过了我们收入增长的幅度。根据统计，工薪阶层如果靠薪资买房子，至少需要不吃不喝 20 年，才能筹备出购买房子的资金。大多数人不可能一下子备齐买房子的全部资金，如果购房的时候只准备了 10% 的自备款，加上每月支付的贷款利息，工薪族将背上沉重的财务负担。

如果工薪族更换工作或固定收入中断，将面临很严重的资金短缺。

其次，工薪族生活压力的主要来源除了高昂的房价，还有一个是生儿育女——除非我们当丁克一族。按照中国传统的传宗接代的观念，恐怕我们大多逃不过父母那一辈渴望下一代出生的"高压政策"。而在有了孩子之后，我们就需要考虑孩子的教育问题，眼下教育费用飙涨，供养孩子压力明显增大。

面对供养孩子上学的问题，如果没有一定的积蓄，工薪族的压力就会更大。即使有积蓄，如果没有合理的理财，孩子的教育费用也可能让工薪族掏光老本。学费、杂费、择校费、赞助费、补课费，各种名目繁杂的费用，导致教育成本明显提高。即使是才上幼儿园的孩子，每年也需要几千元甚至上万元的费用，对于普通工薪族来说，确实是一项很大的支出。而孩子一旦开始上学，费用只会越来越多，直到孩子大学毕业，这项"任务"才算结束。而且近年来大学学费不断高涨，很多工薪阶层的父母纷纷大喊吃不消。如果我们现在不理财，赚多少花多少，没有提前准备，恐怕到时候更会吃不消了。

王世贞在孩子出生之后就开始进行孩子的教育经费储蓄，但是，现在孩子才刚刚 4 岁，才上幼儿园而已，她就已经觉得承受不了了。自从孩子进入幼儿园之后，他想要的东西、想做的事情陡然多了很多。例如某一天，她的孩子放学回来还没来得及放下书包，就冲着她喊："妈妈，我们班的真真从明天开始就要学钢琴了，我也想学，妈妈给我买钢琴好不好？好不好吗？""哟，我家宝贝想学钢琴了？那等你爸爸回来以后，妈妈再跟他商量商量好不好？""妈妈，上一次你也是这么说的，结果还不是没有买给我。这次你可不能再骗我了哦。"

孩子到了幼儿园，看到小朋友干什么，自己也想做，自然而然回家跟大人要。"少年不识愁滋味"，孩子们哪懂得家里的经济状况允不允许他们干哪些事，只是因为喜欢就提要求。而作为妈妈的王世贞，难免会宠着自己的孩子，只要不是做坏事，任何事情都愿意顺从孩子的意愿，但从她拖延孩子买钢琴这件事上看，家里的经济是没法一下子实现孩子眼下这个要求的。王世贞从孩子一出生就已经为孩子的上学经费做准备了，却忽略了孩子在学校学习以外的要求。

如今六七岁的孩子，哪一个不是除了上幼儿园、上小学之外，还兼报了美术学校、钢琴学校、学前指导班等，这表明孩子的教育费用并不仅仅局限于学校里的那些费用。毫不夸张地说，那真是一个无底洞。如果我们的工资一直原地踏步或者涨幅没有跟上抚养孩子花费增长的幅度，那么我们工资实质上是在不断地缩水的。这更突显了理财的重要性。

当然，我们的生活不止买房和养孩子这两件事，方方面面都需要用到钱，如果我们不懂得理财，一直过着"月月光"的生活，在不久的将来，我们就会被生活逼迫得很狼狈。为了我们的生活越来越轻松，我们从现在开始就要学习理财。

富翁是"理"出来的

很多工薪族总是感叹："为什么有些人福气那么好，整天不工作也有那么多钱！我整天拼死拼活，赚的都不够人家的零头！"其实，我们没有必要羡慕那些有钱人，富翁都是"理"出来的，只要我们学会理财，我们也会在将来的某一天成为自己所羡慕的那些人。

如果我们仔细观察那些公认的富豪，就不难看出他们对于理财的重视。

世界首富比尔·盖茨，他的财富不仅仅源于微软为他创造的财富，更源于理财。他懂得财富不是仅靠自己用劳力去拼回来的，更需要好好"打理"。他为此聘请了一名"金管家"，在他的财富超过 4 亿美元时，年仅 33 岁的劳森成为他的投资经理。在劳森的打理下，微软股份所建立的两个基金的业绩名列前茅，从而为比尔·盖茨积累了更多的财富。

也许有人会说，比尔·盖茨的家境本来就好，父亲是著名的律师，母亲是银行系统董事，出生在这样的家庭，他即使不理财同样能够成为富翁。我们就假设他的父母会给他很大一笔资金好了，如果比尔·盖茨没有理财的观念，这笔大额的资金很快会被他消耗光，他又怎么能成为世界首富？

美国有一份研究资料表明，很大一部分彩票中奖者在 5 年之内就会把赢来的钱全部花光。在 1999 年 300 个中奖的百万富翁中，居然有 60 个人当年就出现财务危机，其他很多中奖者也陆续出现财务困难。

从资料中我们不难看到，不理财，财富消散的速度是多么快，中奖上百万元，却在不到一年的时间里就出现了财务危机！从中我们可以更加明确，那些有名的富翁往往是通过理财来保护他们的财产，否则他们没法维持富翁的地位。

其实，富翁们同样经历了从无到有、一点一点积累财富的过程。我们不能只看见富翁手里的钱、富翁的地位和高端的消费，当富翁还不是富翁时，当他们在学习理财时，可能我们在躺着睡觉，他们限制自己的消费，强迫自己存钱投资时，我们可能在享受消费购物的乐趣。日积月累，他们从不富有变得富有，而我们依然过着拮据的生活，等着工资，看着物价，盼着涨薪……可以说，什么因结什么果，我们现在的生活方式就决定了以后我们的经济状况。

我们不需要羡慕富翁，因为我们也有机会成为富翁，就看我们自己能不能抓住这个机会。天上没有掉馅饼的事，被彩票砸中的好运不是每个人都有的，而学习理财却是每个人都能够身体力行的，我们何不把握这次机会，让自己晋升富翁一族？

理财的根本意义在于生活的幸福

财富是幸福生活的基础之一，合理理财才能使财富快速增长，但是很多人在进行理财的时候，会进入这样一个误区，认为累积金钱是理财的终极目标。其实不是，理财的根本意义在于生活的幸福。

举个例子来说，一位40岁的离婚女性，她有一间店面出租，每月收入2000元，目前有100万元存款，有两个孩子要抚养。她的目标是送两个孩子出国念书，并且让自己的老年生活有保障。

就这位女士目前的资产看，达到这两个目标比较困难。但是，如果对这些资产进行合理投资的话，她就可以实现自己的目标，过上想过的生活。假设她只是为了不断地累积金钱进行理财，她就会舍不得送两个孩子出国念书，因为这样会消耗掉她理财累积下来的金钱。生活的幸福有时候离不开金钱的支撑，理财正是为了提供这种支撑，最终促成生活的幸福。我们在理财的时候，一定要记得自己理财的最终目标——让自己生活得更加幸福，而不仅仅是为了累积金钱。

如今已有越来越多的工薪族明白了理财对自己生活幸福的重要性，也开始着手进行理财，但在这个过程中，很多人忽略了自己进行理财最初的意义和目的，一味地奔波于财富之中，却没有时间、没有精力累积幸福。他们忘记了自己的生活，只记得不停地累积金钱，这是舍本逐末了。

有的人是为了生活的自由而开始理财，但在真正理财之后，被累积金钱带来的巨大成就感所蒙蔽，不知不觉之中就偏离自己理财的初衷，处处限制自己的生活，以期节省更多的金钱，反而让自己的生活变得更不自由了；也有的人进行理财是希望自己有钱之后会有更多的人喜欢自己，但是真正理财之后，越来越钟爱金钱，也就理所当然地认为周围的人和自己一样热爱金钱，对每一个试图接近自己的人都满心防备，结果让自己的人际关系变得更加糟糕……这都背离了理财的本意，使自己的生活变得更加不幸福。如果因为理财而使自己的生活更加痛苦，我们又何必理财呢？

我们要时刻提醒自己，累积金钱只是手段，幸福的生活才是我们一生的终极追求。

理查德·布兰森被称为全世界最性感的商人，他所缔造的"维珍帝国"已经成为世界最著名的公司之一，是英国最大的民营企业，拥有的产业多达 224 项，从婚纱、化妆品到航空和铁路，从娱乐行业到电子产业，总资产超过 70 亿美元，个人资产约为 26 亿美元。

世人的称颂并没有让理查德·布兰森陷入金钱的陷阱，他并没有为了金钱拼命地压榨自己，把自己奉献给金钱，他很懂得享受生活的乐趣。1979 年，理查德·布兰森花了 30 万英镑把内克岛买下来。内克岛西临湛蓝的加勒比海，西印度洋的信风迎面吹来。他在小岛上建了一幢有 10 间卧室的房子，盖了一座淡水处理厂和一座发电厂。内克岛成了上流社会梦想中的伊甸园，黛安娜、威尔士王子、斯皮尔伯格、梅尔·吉布森、尼可·基德曼等，都成了这里的座上宾。为此他曾诙谐地说："请一大帮的朋友过来度假也许是我所做过的最为奢侈的事情，幸运的是，我拥有自己的航空公司。"正是在这梦幻一般的岛屿上，回想起自己梦幻一般的经历，布兰森不禁发出感慨："有时候一觉醒来，我感觉真的就像刚做了一场不可思议的梦一样，梦到的就是我的生活。"

购买一个小岛要花多少钱？请那么多的人过去度假又要花多少钱？如果理查德·布兰森掉进了钱眼儿里的话，他是不会舍得这些钱的，但是他始终明白，金钱的积累就是为了让自己幸福地生活，所以，他把自己的钱用来实现自己梦想中的生活。

从理查德·布兰森的身上，我们也能够明白：进行理财的人中，能真正累积幸福的人都拥有平衡的生活状态。理财是他们生活的一部分，但绝不是大部分。他们的生活内涵丰富，朋友关系融洽，家庭美满，工作有成就。他们可以照顾到生活的方方面面，不把重心偏重到任何一边，所以说，理财只是生活的一部分，我们不要把理财当成自己生活的全部，不要让自己陷入金钱的圈套。

理财要求我们发挥自己的聪明才智，对手中的资金做出最明智的安排和运用，使金钱产生最高的利用效率，让我们能够最大限度地享受生活的乐趣，收获最大限度的幸福感受。

第二节　定下理财目标，努力去实现它

从敲定理财目标开始

一个人不管做什么事，都要有目标，没有目标的人生不可能成功，就像在大海中行驶的船只，如果没有目标就会迷失在大海的苍茫之中。但是，如果我们拥有一个目标，拥有一个想要到达的目的地，那么，我们就会乘风破浪，一直朝着自己的目的地前进，终有一天，我们会到达我们想去的地方。同样，如果要在财富上有所收获，我们也要确立一个目标，也就是说，我们想要成为有钱人，拥有幸福的生活，就要从敲定理财目标开始。

要知道，我们幸福生活的实现离不开财富的支撑，达到

了理财的目标也就能够实现自己的生活梦想。例如一个温馨的小窝、一辆豪华的座驾、一场盛大的婚礼、一趟欧洲之行、一次出国游学……不可否认，这些美丽的生活梦想都需要通过财富来实现。而大多数人对于财富的梦想也仅仅只限于想想而已，并没有一个具体的实施方案和时间表，对于如何来实现理想的目标更是一头雾水。因为没有具体目标，当然也就谈不上如何去实现，自然也就实现不了，这也就是所谓的"凡事预则立，不预则废"。为了享受到这些美丽的梦想，我们就要从自己的理财目标开始。

虽然大家对生活都有一些美丽的梦想，但是很多人对理财目标没有一点概念，常常看到有些人在网上或到银行理财师那里——介绍自己的财务情况后，就急着追问自己该如何理财。这样的问题会让理财师无从谈起——没有一个明确的理财目的和计划，如何围绕目标制定切实可行的理财方案呢？所以，想要理财，还是从敲定自己的理财目标开始。

张小英经营着一家小型服装厂，赚了不少钱。她去银行存钱的时候，银行的理财经理建议她把存款改成买基金。她听从了银行理财经理的建议，买了10万元的基金，出乎意料，半年之后，10 万元的基金翻了一番，张小英被其吸引，增加了基金投资额度，同时，开始炒股。看着账户上资金的增加，张小英笑开了颜，连服装厂也不管了，整天守着红绿相交的电脑屏幕。然而好景不长，很快市场风起云涌，股票市场一下子从 6000 点跌到 2000 点，张小英被套牢了。前后一算，不仅没赚到钱，反而亏了 60 多万元，还赔了一家服装厂。

张小英没有确定自己的理财目标就开始理财，因为没有目标的指引，她就只能随着感觉来进行理财，看到基金赚钱了就加码投资基金，看到股票赚钱了，就把钱都投资进去，还放弃了经营服装厂的生意。由于她随波逐流，到最后翻船的时候她一无所有。如果她有了目标的指引，她就会向着目标前进。假如她设立了一个"扩大服装厂的经营规模"这样的理财目标的话，那么，在基金投资获得收益的时候，她就会把资金投到自己的服装厂，而且，她也不会为了炒股而放弃经营服装厂。这样，她就不会到最后遭遇被套牢之后一无所有的境地。从中，我们可以深切体会敲定理财目标的重要意义，可以说，这决定着我们理财的成败。

1940 年，美国科罗拉多州一户十分富有的人家诞生了一个小男孩，名叫多明奎兹。多明奎兹一出生便过着十分富有的生活。但是，随着多明奎兹一天天长大，独立意识逐渐增强，于是，他就树立了这样一个目标：依靠自己的能力生活，不再依靠家里，摆脱父母的资助。而要达到这个目标，多明奎兹就要实现经济独立。所以，多明奎兹就很积极地出去找工作，在 18 岁时，他便通过一份微薄的薪水开始了经济独立。

很长一段时间，多明奎兹每个月仅仅依靠 500 美元维持自己的生活，他拒绝了父母对自己的一切援助。到 29 岁的时候，他便成功实现了经济独立。那时的他生活得十分舒心，他从来都没有感觉到负担与压力，也是在这样的情况下，多明奎兹一年却可以积攒下来 6000 美元。他之所以能在如此少的收入下拥有每年 6000 美元的剩余，主要是他不断地将自己的积蓄投资到国库债券之中，由此获得了利息，成功地实现了自己当初树立的生活目标：依靠自己的能力生活，不再依靠家里，摆脱父母的资助。

多明奎兹之所以能够取得如此好的理财成绩，就是因为他拥有一个非常明确的理财目标。为了达到自己的目标，他并没有投资那些回报快而且风险高的项目，他只是投资非常安全的国库债券，以此来保证自己资金的安全。

多明奎兹曾经说过："对于任何人来说，若想真正做到经济独立，都必须先做到量入为出。若是你每个月只有 500 美元的收入，那么，你必须将自己的开支控制在 499 美元之内，这样便可以做到经济独立。"其实，从这句话中我们也能够体会到目标的重要性，如果没有目标，那么我们就会很轻易地花光 500 美元。

为了真正享受到幸福的生活，我们很有必要确立一个明确的生活目标，从敲定理财目标开始，进入我们的理财生活。

无数字化的目标等于没有目标

但凡一个善于投资理财的人，他们都懂得，为自己确定一个行之有效的理财目标是至关重要的。

如果我们能够拥有一个行之有效的理财目标，便可以紧紧围绕这个目标来实现自己的理财计划，并且可以通过正确的理财目标，让自己按部就班地去执行，从而起到一个良好的监督作用，让自己更快一步地实现理财目标。

但是在我们的生活中，很多人常常把梦想和目标混淆。

例如很多人常常把成为一个有钱人这样的梦想，当成自己的目标。我们都知道，梦想是人类对于美好事物的一种憧憬和渴望，有时梦想是不切实际的。既然不切实际，我们就无法实现。而如果我们把这样的梦想当成自己的目标，对我们也没有多大的动力，可以说，这样的目标就等于没有目标。那么，为什么这样的目标会没法触发我们的理财动力呢？这是因为这样的目标没有数字化，要知道无数字化的目标就等于没有目标。

那么，什么样的目标是数字化的目标呢？举个例子来说，假设根据我们目前的收支情况分析，每年可存金额最多6万元，所以要用3年的时间准备18万元以上的本钱，这是一个目标；根据过去的收益率情况分析，每月用6000元投资年均复利收益率10%的股票型基金，用3年的时间准备24万元，这也是一个目标。确定经过计算的目标然后再一一实现，就是在一步一步向梦想迈进。梦想可以很大，但目标一定要现实，一定要数字化。

每个人都会对自己未来的生活有些期望，但要想真正实现这些期望，一个简单的办法就是把自己的目标具体地描述出来，也就是说要把自己的目标数字化。就像很多人都有成为"有车一族"这个目标一样，但是如果我们把成为有车族这个目标具体地描述为"在两年之内，购置一辆15万元的家庭用车"，那么实现起来目的性就会更强。

只有数字化的目标才具有可实施性，如果我们将自己的目标设定成"我要成为有钱人""我要变得富有""我要成为巴菲特"……那么我们的目标是不大可能实现的。因为不管是"有钱人""变富有"，还是"巴菲特"，都只是一个概念性的东西，没有可以衡量的标准。而财富目标是能用现金和数字来衡量和表示的，它只有足够清晰、具体、详细，有一个量的标注，实现起来才会更加顺利。

有一位25岁的妈妈抱怨说："理财好像就是要考虑孩子上学的费用，怎么去买一个大房子，如何过上幸福的生活，好像所有的钱都应该为这些目标去储蓄，去投资，时间长了觉得这样的生活有什么意思啊，还不如该花就花，该用就用。"

这位25岁妈妈的话让我们能够更加肯定了"无数字化的目标就等于没有目标"的说法。她的目标就是给孩子上学费用、买个大房子、过上幸福的生活，但是这些目标都是一个非常笼统的梦想，具体孩子上学费用需要多少钱，什么时候买大房子，大房子需要多少钱，过幸福的生活又需要多少钱，对于这些东西，这位年轻的妈妈一点概念都没有，就知道自己需要攒钱、投资，而不知道自己需要攒够多少。没有一个明确的目标去奋斗，每天都是反复着同样的事情，时间长了，自然就会腻了。所以，当我们拥有一个梦想的时候，一定要把自己的梦想具体化、数据化；否则我们也会跟这位年轻的妈妈一样，无法坚持到我们梦想实现的那一天的。

那么，如何把自己的梦想数字化呢？要想让自己的梦想数字化，首先需要掌握自己目前的财产状态。这个不用细分金融资产、房地产等种类，只需掌握自己目前拥有的资产和负债共有多少，看看减去负债后的净资产金额是多少。然后还需要掌握自己的平均收支金额。最后了解一下实现自己的梦想需要多少金额，这样才能够算出自己需要用多长时间来完成这个梦想。

如果我们想更早一点实现自己的梦想，就需要把自己的目标定高一点，就需要选择一些回报率高一点的理财项目来投资，不能再按自己平常的保守方式进行理财，而且要把自己的梦想具化成一连串的数字，这不仅能够让我们向自己提出问题，而且在解决这个问题的过程中也会促进我们不断地思考，并主动学习理财，从而一步一步靠近梦想。

不要同时定太多的理财目标

有位名人说过："树立过多的目标，等于没有目标。"因为目标太多，会使人分不清主次，眉毛胡子一把抓，结果往往一事无成。理财也一样，如果同时定太多的目标，我们就会不知道该实现哪一个好，如果同时去准备，又会分散我们的精力，分不清主次，会导致最后什么都实现不了。

我们应该明确自己的主要目标，一步一个脚印地走下去。

俄国著名作家列夫·托尔斯泰曾经指出："每一个人都必须有自己的生活目标，人们必须为自己建立一辈子的目标、一段时期内的目标、一个阶段的目标。目标期限可以定为一年、一个月、一个星期、一天、一个小时及一分钟。除此之外，人们还必须为大目标而牺牲小目标。"但令人遗憾的是，很多工薪族紧紧抓着那些小目标不放，并且由于拥有的目标太多，耗尽了他们的精力，确实没法实现几个，所以，很多工薪族总是抱怨连连，总觉得自己付出的多、得到的少。

作家爱默森也认为："生活中有一件明智事，就是精神集中；有一件坏事，就是精力涣散。"

如果一个人想法太多，或者要想实现的目标太多，必然无法集中精神，从而导致精力涣散。

相传古时候有一个年轻人学有所成之后，曾豪情万丈地为自己树立了许多目标，希望自己能够成为一名大人物。可是几年下来，他依然还是那个默默无闻的他，可以说一事无成。为此他感到很苦恼，听说自己家乡一座寺庙的方丈非常厉害，他就去找方丈解惑去了。

当这位年轻人跟方丈诉说完他的苦恼之后，方丈微微一笑，让他先去给自己烧壶开水。这位年轻人看见墙角放着一把极大的水壶，旁边是一个小火灶，可是没发现柴火，于是他便去外面抱了一些柴火进来，把壶装满水，便开始烧水。可是由于壶太大了，他抱进来的那些柴火都烧尽了，那壶水还是没烧开。于是他跑出去继续找柴火，等找到了足够的柴火回来，那壶水已凉得差不多了。

这回他学聪明了，没有急于点火，而是再次出去找了些柴火。由于柴火准备得足，水不一会儿就烧开了。

等他给方丈端来开水的时候，方丈忽然问他："如果没有足够的柴火，你该怎样把水烧开？"

这位年轻人想了一会儿，摇摇头。方丈说："那就把壶里的水倒掉一些！水太多，火力不足，自然烧不开。就像你，一开始踌躇满志，树立了太多的目标，而你又没有足够多的'柴火'，所以达不到目标。你要想把水烧开，或者倒出一些水，或者先去多准备柴火！"这位年轻人顿时大悟。

回去后，他把计划中所列的目标画掉了许多，只留下最迫切的几个。同时，他还抓紧时间学到了很多其他方面的知识。几年后，这个年轻人的目标基本上都实现了。

这个故事虽然跟理财无关，但其中的道理是一样的，不管是在哪个方面，目标定多了，而自己的"柴火"又不够，自然没法让目标一一实现。当然，对于生活，我们不可能只抱着一个目标来过生活，生活的方方面面，我们都想享受到更好的待遇，那么，我们自然而然会想要实现更多的目标，那么我们应该如何处理这样的状况呢？

首先，我们可以把自己的理财愿望都列举出来，无论短期的还是长期的，都可以一一列举出来。然后，对所列的理财愿望逐一审查，将其转化为理财目标，排除那些不可能实现的。接下来，对这些理财目标进行筛选，再将筛选后的理财目标转化为一定时间能够实现的并估算实现所需的资金的具体数量，按照时间的长短和优先级别对其进行排序，确立基本理财目标。然后把这些目标按照时间的顺序一一记在纸上，最后可以按着顺序一个一个来实现。虽然这些目标很多，但我们在执行的时候是一个一个地来的，这也就不会分散我们的精力，还符合不同时定太多理财目标的原则。

当然，我们也会有一些过于远大的目标，如果我们就囫囵吞枣地直奔着这个目标努力，也会遇到跟上面提到的年轻人一样因为壶大装水太多而需要更多柴火和长时间烧火才能够烧开的情况，那么在这个长时间中，有些人就有可能没有耐心或者因种种原因而未能实现自己的这个远大的目标。但是，如果把自己远大的目标分解开来，分阶段，细化成一个一个小的目标，那么我们的动力就会足够些。由于一个目标一个目标地实现，让我们看到了成就，就能够给自己一个坚持下去的动力，最终，便可以成功到达投资的顶峰。

我们在给自己制定理财目标的时候，不要同时给自己制定过多的目标；如果遇上一个需要大笔金额的大目标，就把它细化成许多小金额的小目标，逐步激发我们理财的积极性。

不同阶段，制定不同的理财目标

目标是行为的指南针，不管我们做什么事情，总是由目标为我们指引正确的努力方向。理财也不例外，要想取得很好的理财成绩，我们就需要有一个明确的目标来指引我们的理财活动。但是我们不能一生只用一个理财目标来指引我们去理财，我们要根据自己处在不同的人生阶段，制定不同的理财目标。

我们都知道，目标过大或者过小，对我们的行动都不能起到很好的指引作用。我们的人生几十年，在不同的阶段有不同的生活需求，为了实现这些生活需求，我们的理财目标就要在我们的生活之上来确立。生活需求的不同，决定了我们理财目标的不同。最为核心的是，一定要确定合理的理财目标，不要盲目地把理财当作赚钱的手段。

一般来说，当我们刚步入社会的时候，一点经济基础都没有，这个时候我们不适合制定过于宏大的理财目标，最主要的目标就是要实现自己的经济独立。所以，这个时候我们可以为自己订立一个月赚多少钱、一个月存多少钱的目标，或者是自己工作多少年之后自己的资产达到什么样的水平之类的理财目标。这个时候，实现经济独立是最重要的，而这样的目标可以让我们在平时的生活中节俭一点，让自己能够及早准备出投资理财的资金。

等我们工作稳定之后，生活也成熟一些之后，我们就可以制定要花多少钱买多大房子的目标了，就可以制定准备多少结婚资金和养育孩子资金的目标了。等到孩子长大之后，我们又得改变自己的理财目标，开始要为自己的老年生活做好准备，退休养老金又成为我们的理财目标。

洋洋洒洒，我们一生需要不停地制定自己的理财目标，在不同的阶段会面对不同的生活需要，相应地，理财目标也得跟着变化。当然，这些目标，并非都同时进行，因为有的可能是年轻时需要实现的目标，而有些可能是年老时所要实现的目标。所以我们需要根据自身所处的不同阶段，制订不同的理财计划。

杨大爷如今已经退休在家颐养天年了，晚年生活过得和和美美。当小辈向他请教成功生活的秘诀之后，他总结是因为他这一生过来，一直都有一个适合的目标在指引着他。他微笑着说："我22岁的时候，刚刚参加工作，当时就准备

26 岁结婚时存款达到 5 万元，用于购买家电，举办婚礼；结婚之后，我就准备 28 岁时要个小孩，同时准备好 2 万元生孩子时的开销；打算 30 岁时拥有属于自己的一套中等面积住房，到时候可支配的易变现资产达到首付款额；买完房子之后，我又准备 35 岁时购买一辆私家车；买了车之后，我又希望到 40 岁时，拥有一套大面积的住房；然后，又希望自己在 65 岁退休时，能为自己攒下以后 20 年的每年不低于 4 万元的养老金。于是，就有了现在这样的生活了。"

从杨大爷身上，我们可以看到，要想拥有一个完美的人生，我们就要提前制定好自己的理财目标，而且在生命的不同阶段，应该有不同的目标和计划，而理财的目标，就伴随着我们的生活目标，陪我们走完一生。

对每一位工薪族来说，如果不出现大的意外，那么我们的职业生涯将会沿着"事业起步上升期——事业稳定成熟期——事业巅峰期——退休期"这样的轨道一步步往前发展。从理财的角度而言，我们应该尽早明白自己各个阶段的任务，以及相应的理财目标，这样，才能以积极有序的计划去应对漫长而又时有突发事件的人生道路。

也许有些人觉得不理财的人也一样过完了自己的一生，可是，仔细观察就会发现，善于理财的人，生活总是有条有理，该做的计划都已经提前准备好；不去理财的人，则总是在事情临近时手忙脚乱，买了房可能生活变得紧迫，生完孩子可能会觉得压力剧增，归根结底，就是因为没有提前制定理财目标。

为了我们能够从容地享受生活的美好，我们有必要学习理财，学会在各阶段制定好理财目标，然后才能逐步地去实现目标。人生，又何尝不是由一个个目标组成的呢？就让我们的生活因为这些不同的理财目标而完美吧！

第三节　做好人生规划，让钱为你服务

理财规划就是人生规划

理财的范畴很广，而理财规划的概念亦是如此，小到买一包盐、添一双鞋，大到买车、购房，每一件生活中关于金钱的事情都可以被纳入理财规划的部分。而这些事情大大小小，事无巨细都贯穿着我们人生的始终。规划我们的财富就

等于规划我们的人生，可以说理财规划其实就是人生规划，因此我们要时刻关注自己的财务状况，时刻关注、做好自己的理财规划，才能依靠理财充实自己的财富和人生。

理财规划不是一个短时间内的事情，理财规划应该贯穿我们的一生，和我们的人生规划相结合。

人们常说，只有我们一生理财，财才能理我们一生。理财规划只有以人的一生为单位进行，才能让我们始终保持着富足的生活。由美国理财生涯规划专家雪莉博士所撰写的著作中曾建议将理财规划与人生规划相结合，其应该分为 4~9 岁、10~19 岁、20~29 岁、30~39 岁、40~49 岁、50~59 岁以及 60 岁之后这六个理财规划阶段。从这位专家对于理财和人生结合的规划分段能够看出，理财真的是一辈子的事情，人生的每个阶段都有不同的内容，只有把理财规划进行到底，和自己的人生相结合，才能让我们成为财富的支配者。

如果我们注重生活中的每一项财富，了解理财规划对于人生规划的重要性，并且对自己的人生进行合理的理财规划，那么我们的一生都会过得较为富足。

那些不懂得理财规划和人生规划的重要性和近乎等同性的人，往往生活并不如意，常表现出对自身财富的挥霍、对理财的忽视和对人生的散漫。我们所熟知的拳王泰森就是一个典型的例子。

尽管泰森的双拳能够为他打下巨额的财富，但是泰森从来没有正视过理财规划的重要性。从 1995 年到 1997 年，仅仅在购买寻呼机和手机上，泰森就花费了 23 万美元，他曾经举办过一次花费高达 41 万美元的生日宴会，也因为保养他的豪华轿车又用掉了 6.5 万美元。从豢养两只价值 14 万美元的老虎作为宠物，要求范思哲专卖店关门一天，仅供自己和朋友购买 25 万美元的衣物，到后来为了安慰自己不能买方程式赛车的遗憾而购买售价 100 万英镑的手表等，泰森消费时总是很潇洒又毫无计划。以至后来，因为花钱如流水的消费方式和不善管理自己财富的原因，世界级的拳王申请了破产保护。

泰森财富的快速消失，不得不说这是因为他不重视理财规划的残酷后果。如果我们不懂得做理财规划，即使赚再多的钱，我们也会因为自己不了解全局而陷入困境中。

在私营工商业高度发达的瑞典，人们对于理财规划的观念根深蒂固，瑞典的工薪族对于理财规划的重要性都有清楚的认识。瑞典人中，很多人都会找一家专业的理财公司或者理财师来为自己做理财规划的建议，毕竟工薪族的精力和财力有限，在他们的眼中，专业的人士为自己量身打造的理财规划也是对自己人生规划的一大促进。

而作为有可能领取一辈子固定工资，但又生活在竞争日益激烈的社会的工薪族来说，理财规划的重要性体现在了人生的每个阶段。如果我们不懂得当前和未来的每个阶段该进行怎样的理财规划，就如同对未来一无所知。从结婚前对于房子、车子的购买计划，到婚后对孩子奶粉钱、尿布钱的计算，甚至是几十年后自己养老金的规划，都无一不体现着理财规划就是人生规划这一重要的论断。

很多人常常误解，认为理财规划就是简单的生财计划，就是投资赚钱的一种策略，这是一种错误的观念。投资赚钱只是理财规划中很小的一部分，无法达到理财规划的最终目的。理财规划是我们通过正确的使用金钱，使我们的财务状况处于最佳的状态，而我们对于婚姻中家庭支出、孩子的教育、未来养老等每个人生阶段中财富的把握都是理财规划的具体体现，这也就是我们要在理财规划和人生规划之间画上等号的原因。

理财规划是贯穿人的一生的，通过理财规划从而实现人生规划的完满，也是理财规划的最终目标。我们应该从今天起，认识到理财规划的重要性，将自身的理财规划与人生规划相连接，使其和人生规划一样，平稳而顺其自然地进行。

搞清楚你目前的经济状况

俗话说："知己知彼，百战百胜。"这一句话在理财上也能恰如其分地发挥用处。众所周知，什么是理财？理财就是指个人或机构根据自身当前的实际经济状况，通过一定的手段或方式，对自身财产进行合理规划，并实现经济目标的计划、步骤等。从这样一句话中我们能看到，理财的前提是立足于了解自身的经济状况的基础上的。由此可见，工薪族充分运用各种理财方式发展自身财富前，要搞清楚我们自己当前的经济状况。只有了解了自身经济情况中的每个细枝末节，才能有针对性地采取各种不同的理财方式来增长自身的财富。

既然弄清楚自身的经济状况有如此举足轻重的作用，那么，我们该从哪些方面，又该怎样弄清楚自己目前的经济状况呢？

简单来说，搞清楚当前我们自身经济状况主要有两个方面，一是资产负债，二则是收支。资产负债，简言之就是我们有多少财富可以用，有多少负债，比如房贷、信用卡透支。了解自己的资产负债就是弄清楚我们所管理的经济资源，以及所承担的所有债务。放眼我们周围，好多人连自己有多少资产并不清楚，有多少债务也不甚了解，在这样的糊涂情形之下，怎么能做出一个好的理财计划，怎么能够理好财呢？而"收支"则相对好理解，就是生活中的收入支出。对于工薪族来说，收支的平衡是很重要的，而掌握每个月收入的多少，支出的去处，形成一个详细的数据，对于了解我们自身的经济状况，开展下一步的理财规划，是不可缺少的。而当前我们对于"收支"的把握主要体现在记账上，通过这样的方式，我们能更好地把控自己的经济状况。

如果不了解自己目前的经济状况，那么在生活中，我们只能稀里糊涂地过日子，更别提我们想要实现的一些生财大计。在某外企工作的小谢就是这样的典型。

小谢是个想挣大钱的主，每个月有 4500 元的工资和一定的奖金，一开始他总会先划出一部分来投资，买点股票、基金什么的。但腾出这部分钱后，小谢总是会手忙脚乱地四处借钱还房贷，有的时候半年一次的置装费都攒不下来。几个月下来，投资挣来的钱还了借来的钱，小谢一合计，剩下来的钱寥寥无几。

眼看着自己的富翁计划离自己越来越远，小谢无奈之下只好请教了身边一个颇为懂得理财的同事。经过同事的指点，小谢首先对自己的财产进行了全盘的清点和了解，包括卡上的三四万元的存款、一些股票和基金，每个月要还的2000元房贷等，他都进行了详尽的计算。小谢开始了之前他认为的"婆婆妈妈"的记账生涯，每个月的收入支出都一一记录在册。两个月过去，小谢能很好地做出自己下个月的预算，消费、投资也不再慌乱，每个月攒下的钱也多了。而随着对自身经济状况了解的加深，小谢的理财之路也越走越宽，一年下来，眼见着自己的存款逼近了10万元大关。

从小谢的亲身经历中，我们可以看到，搞清楚我们目前的经济情况对我们的理财规划是多么重要。工薪族总是繁忙的，但是繁忙之余，还是要分出一份心力、一些时间来整理自己资产的状况，了解清楚自身的负债和盈余，更要掌控好每月的收支情况，以对我们自己经济状况的全局掌握，来应对当前繁多的理财方式中的条条款款，制订出更加符合自身需求、适合当前时代的理财计划，更好地将理财的目标实现。没有几个富翁不能清楚地报出自己的资产和花费，他们对于理财大计的确定，对财富的掌控是建立在对自己经济状况深刻了解的基础上的。

由此可见，了解自己的财富余额，懂得自己需要填补负债造成的空缺，明白自己能够有多少能力进行理财的规划和实施，才能真正成为理财的能手、财富的拥有者。弄清楚自己目前的经济状况，才能更好地进行深一步的理财规划和操作，从而达到理财的最终目标。

多关心一下你的现金流表

现金流作为现代理财中的一个重要的概念，通常是指企业在一定的经济活动下的现金流入、流出及总量情况的总称。这一概念乍听起来似乎和我们工薪族个人理财没有多大的关联，随着工薪族对于理财规划的日益重视和逐步深入，现金流表已经成为我们也能了然于心的一个概念，而且我们要关心的是自己或家庭的现金流表。现金流表能帮助我们判断出自己的存款能力、偿债能力、养老保障能力和资产运营能力等，同时，更为详细的理财规划，也要求我们对这些方面的情况有细致的了解，个人的财务状况通过现金流表就可以一清二楚，这足以说明现金流表对于理财规划的重要性。

当前工薪族的收入还是以现金收入为主的，在这种前提下，我们的收入必须尽可能地大于支出，家庭财务状况才是良性的。而从现金流表能够直观地了解我们自己和家庭的收入来源和支出、花费的项目，并对各部分所占比例有所了解，对现金资产有一定的掌控度，从而方便我们了解家庭的收支状况，并有针对性地进行理财规划和收支预算，合理制订下一步的理财计划。

不少细心于家务、善于理财的工薪族，外出购物时，往往会留下消费的小票或者每天记账。这是一个很好的习惯，但仅做现金记账，还和理财有很大区别。不过我们每日记录的花销和收入，是制定个人或家庭现金流表的根本和基础。可以说现金流表对于理财规划来说也是基础性的，要想做好理财规划，首先要做的，就是多关心我们的现金流表。

制定个人或家庭的现金流表的目的，并不是单纯地为了对我们单个月的理财有多大的帮助，而是要通过现金流表来科学地规划一个较长期的理财方案。现金流表对于我们自己甚至整个家庭的财务来说像是机场的出入境记录，通过其中每一笔现金的进进出出，我们能够一目了然地了解现金的来源及去处。

作为工薪族，我们的收入主要来源于较为固定的工资收入和一些资产性收入。在我们的现金流表中，如果工资收入是收入部分的主体，这就说明我们当前需要详细、合理的理财规划来增加资产性的收入。当然，如果某天观察自己的现金流表，发现资产性的收入占据了半壁江山时，或许我们已经踏上了财富自由的路途。

而支出可以大致分为弹性支出和固定支出。弹性支出一般属于非必须性的消费，例如休闲、交际、娱乐等。而事实上，经常记账的人都会发现，也会了解一个事实，那就是每个月都不可避免地有一些固定消费，这就是固定支出。这是一个类似于空气的存在，是我们生存的必要性支出，而从现金流表中，我们可以看出，固定支出所占的比例会随着收入的提高而降低。

通过现金流表，还可以判断我们的短期偿债能力。举个例子来说，某低保家庭，全家四口的月收入仅仅有 1500 元，但是每个月的支出却有 1600 元，一家四口吃饭、水电煤气等生活必需费用是不能一次性偿债解决的。而在这种状况下，对于现金流表的关心度和了解程度就能很好地解决问题。换句话说，如果我们关心我们的现金流表，就会想方设法地控制我们的现金流。增加收入、降低支出才能解决家庭的支出问题。

多关心一下现金流表可以很好地进行现金流的管理，通过对我们自身收入和支出细节情况的掌握，进行合理的理财规划，将不必要的支出缩减，能策划出更加全面的致富之道。理财规划的目的是实现现在与未来的收支平衡和财富的充盈，使我们的口袋经常性甚至是总处于收大于支的状态，使我们不会因为负债累累而发生财富上的危机，进而影响到个人和家庭的生活。

可以说，一份完美的理财规划，必然是从关心、了解我们的财务状况为基础开始的。

理财规划，一寸光阴一寸金

对于想要致富的人，尤其是工薪族来说，及早地做好理财规划是举足轻重的。因为理财规划就是在理财的过程中规范我们理财行为的"法规"，如果没有这些条条框框规范我们，我们就难免在理财的过程中突破自己的初衷，让自己跳进贪婪的圈套里，损失惨重。

王小波每月的工资是 8000 元，优渥的薪水让他觉得生活无忧无虑，而且对未来也没有多大的安排和规划。直到他父母给他安排了相亲活动，并且找到了心仪的女友之后，他才觉得自己没有多少积蓄提供他们结婚花销。

这个时候，有朋友给他支招：投资股票收益最高，不过还是最好规划规划再说。但是王小波为了能够尽早跟女友走进结婚的殿堂，加上急于求成，就想先大赚一把再好好规划一下以后的理财生活，于是把自己手头所有的钱都投进了朋友给介绍的一只股票上面。没想到他刚一进入市场，这只股票就直线下滑，他的钱就这样蒸发了，而女朋友听说他这么不理智也跟他吹了。

王小波听取了朋友进行投资生财的意见，但是忽视了朋友让他做好理财规划的建议，加上他急于求成，所以才犯了这么大的错误。其实，在我们的身边，就有很多人虽然在进行理财，但是并没有做理财规划，所有的理财活动都是跟着感觉走的。要知道，这样的做法就跟我们没有按交通规则去开车一样。虽然我们一直都在向着目的地进发，但是因为我们没有遵守规则，很有可能发生车祸，危及生命。

如果我们能够一开始就做好理财规划，再进行投资理财，那么我们就能够保证自己的资产稳稳当当地增长。可以说，我们早一点做好理财规划，我们就能够早一点搭上顺风车。就拿上面的王小波来说，他的工资那么高，如果他在一开始决定要理财的时候就做好合理的理财规划，他就不会失去理智地把所有的钱都投资到一只股票上面，也就不会有那么糟糕的结果了。而如果他能够在自己一开始工作的时候就做好理财规划的话，那么，等到他找到心仪的女友的时候，结婚资金都不会是问题了。所以说，越早做好理财规划，越早让理财走上正轨，积累财富的速度就会越快，就会对我们的生活提供更多的帮助。

从另一个方面来说，理财规划的早晚，也是一种以时间为成本进行生财大计的表现。"时间就是金钱"，尽早地进行理财规划，是节约成本的一大良好途径。打个比方来说，两个参加工作面试的人，两人的所有条件都差不多，而用人单位只录取一个人。其中一人出发前并没有查好路线，决定边走边问。而另一个人在出发之前把所有的路线都了解得很清楚，而且制定了出行方案。有方案的人在路途中可以不紧不慢，能够按时顺利到达；而那个没有方案的人如果遇到指错方向的人，他就有可能被引去反方向，或者致使他晚到。而较早到的那个人就有时间去平复自己的情绪，做好一切面试的准备，这就已经占了很大的优势了。有人说，时间是熨平波段的最好工具，对于工资有高低差别的工薪族来说，尽早地做好理财规划，保证自己在理财的道路上"安全行驶"，对于缩小资产上的差距，加快财富的累积有莫大的好处。

所以说，做好理财规划也是一寸光阴一寸金的事情。越早踏上安全理财，我们的损失就越少，也能够更早地实现未来的财富累积的目标，还能够更好地在当前通货膨胀的市场经济下收获财富，用时间的优势来抢占财富的先机。

人生的不同阶段，实行不同的理财规划

每个人从经济独立开始，都将面临如何对自身的财富进行规划这一问题。对于具有相对稳定工资的工薪族来说，这

也是不可忽略的一个问题。随着社会经济的大发展，理财成了我们一生去做的事业，然而根据人生的不同阶段，我们所面临的生活环境、社会环境的不同，对于理财也应该有相应的变动和调整。在人生的不同阶段，实行不同的理财规划，对于因时制宜地将我们人生每一步的财富掌控在手就显得极为关键。

那么我们应该如何根据人生的不同阶段，来实行不同的理财规划？就工薪族来说，理财规划的阶段可以根据人生的进程，主要分为五个阶段，包括单身时期、婚姻前期、婚姻中期、婚姻后期及退休期。那么在这些不同的时期应该实行怎样的理财规划呢？

1.单身期，即我们参加工作开始到婚前

这个时期我们的理财目标最主要是实现经济独立。那我们应该如何实现自己的经济独立呢？首先我们需要根据自己的工资收入安排好自己生活上面的支出项目，尽量做到量入为出。在规划好生活收支的基础上，安排好自己的备用资金的积累，在保证足够财富的储蓄、积累的前提下，适当进行投资，加快财富累积的速度。可以说，这个阶段的规划需要保守一点，没有必要过于急躁，在这段时期中形成良好的储蓄习惯就是我们最大的理财收获了。

2. 婚姻前期，即二人世界时期

这一阶段我们都在追求浪漫和生活品质，也是家庭消费的高峰期。这个时期，工薪族的经济收入有所增加，且生活趋于稳定，但处于提高家庭生活质量的重要阶段，我们常常需要置办大额款项的生活用品及偿还每月的房贷、车贷等。这个阶段的理财规划重点是合理安排二人家庭构建的费用支出和必要的家庭支出。因为结合了两个人的财力，我们在这个阶段制定规划的时候，就可以安排一些比较激进的理财工具，以获得更高的回报。

3. 婚姻中期，就是孩子出生、成长时期

这一时期，可以说是我们工薪族负担最重、财富支出最多、理财规划最为艰难的一个时期。孩子嗷嗷待哺，奶粉钱、尿布钱，都是很大的支出。而这一时期最大的开支来自孩子的教育费用和保健医疗费等，尤其是大学时期的学费，相比以前任何一个时期都要昂贵，而这些费用又是耽误不得的。所以，在这个时期，我们就要做到稳中有增。在保证这些费用的安全的同时，又要安排自己进行一些激进的投资活动，做好保险的规划工作。在进行规划的时候，孩子的教育规划必须安排在首要位置，然后才是资产增值管理和应急基金管理，最后才是我们一些其他的生活目标的规划。

4. 结婚后期，这一阶段子女已经步入社会，参加工作，也不用我们犯愁他们的生活

家庭处于成熟期，工薪族的家庭经济状况达到了最佳状态。对于理财规划和已经开始步入人生后期的我们来说，最为合适的还是财富的累积，而不是较为激进的投资，毕竟投资的风险大，一不小心，就会让一生积累的财富打了水漂。所以，这个时期的理财规划需要安排得温和一点，尽量不要过多地选择高风险的投资方式，要把资产增值管理放在第一位来安排，然后做好自己的养老规划，接下来才是做好自己生活中的特定目标的规划和应急基金的管理。

5. 退休以后，此时养老问题提上了家庭的理财议程

我们不想垂垂老矣了还去叨扰孩子们的生活，所以此时的理财规划应以安度晚年为目的。所以，我们的理财规划就要做得保守一点，我们需要更注重身体和精神健康方面，多把钱存起来，买些债券，买些保守型的基金。

第四节　培养良好的理财习惯

"花明天的钱"已经过时，远离不良理财习惯

曾几何时，许多学者大呼超前消费的行为值得世人效法，称之为"人不为钱所累"，"变钱的奴隶为钱的主人"，是值得提倡的"花明天的钱享受当下生活"的消费观。如今，经历过金融危机的摧残，西方各国金融机构对于贷款的门槛有所提高，不再像以前那样对于贷款采取"放任自由"的态度，"花明天的钱"也逐步退热，成为一种"out"（过时）的观念。

但现实生活中，我们身边依然可以不时地看到钟爱贷款消费、信用卡透支消费的"花明天的钱"的工薪族，他们的固定收入其实并不多，花起钱来却总是毫不手软。可同时，对他们来说，每个月发工资的日子是最值得期盼、最令人开心的日子，甚至可能前脚刚发完工资，后脚就惦记着下个月的工资。当然，首先思考的是：工资到手了，该怎么用？于是，下了班就飞奔商场、超市，买好吃的、想穿的、要用的；这边拉上同事逛个名牌店，那边拉上朋友唱个歌……薪水发

了没几天就成了"月光族"，严重入不敷出，又开始大借外债，向朋友借，管家里要，用信用卡透支，今天的钱不知道怎么就花没了，居然要花明天的钱来填补这个巨大的无底洞。

然而，我们应该看到，各国"花明天的钱"引发的种种危机日益增多，这种"花明天的钱"的生活方式让工薪族成了"明天的钱"的奴隶。对于"花明天的钱"，我们应该拥有理性的认识和做法，要能够深切意识到这种理财方式的危害。

平面设计师小李是京城工薪族，月薪6000元左右，2010年按揭买下了一套两居室和一辆斯柯达晶锐。买车初期，新鲜劲儿还在，经济上的账也没仔细算过，时间一久，问题开始出现了。从油费、保险费、养路费、车位费到保养费成了小李避闪不及的负担。房子和车子的月供达到了4000多元，此外还要应付家里大额的开销，几乎每个月小李的信用卡都会透支，而每个月小李也都在为还钱而纠结。小李就这样一跃成了"负产阶级"，也是典型的"花明天的钱"的主儿。为此，小李苦恼不已，对于自己这种不良的理财习惯更是后悔不迭。

2012年年初，小李将车子出租出去，开始坐公交车和地铁上下班。小李开始有计划地支配自己每个月的工资，从出租汽车开始，每个月都把家里每一项支出、收入详细记录下来。家中的开支也让妻子进行了大手笔的改革，他们注销了几张信用卡，尽量不透支信用卡，当月的工资当月用，绝不提前消费掉。半年下来，小李和妻子总结时竟发现，两人不但不再为还贷、还信用卡账单烦恼，反而有了几万块钱的积蓄。

面对这个物欲横流、消费大热的社会，就要先从改变、远离这种"花明天的钱"的不良理财习惯开始。要改变这些不良的理财习惯，就要培养理财意识，将自己"花明天的钱"的想法断绝，不要以为自己的工资在未来十几年内是稳定的，甚至有水涨船高的趋势，就早早贷款买房、买车，对自己的工资总是保持乐观心态而没有理财的习惯。逛商场总有大款的架势，一身名牌，一堆信用卡，钱包里的现金也似乎总是没有空过，殊不知这样是在用明天的长久安乐为今天的一时快感买单，是在"花明天的钱"。这种混乱的生活方式和态度决定了我们的财务状况一团糟。

有道是"不做金钱的主人，就会做金钱的奴隶"，因此，我们必须掌握好金钱，在做金钱的主人的同时，避免"花明天的钱"，远离这种过时的、不良的理财习惯。

养成量入为出的习惯

"量入为出"从字面上理解，即根据收入的多少来决定开支的限度。工薪族所要坚持的理财，归根到底就是有"财"可理，如果我们成了"月光族"，每月的收入不仅挥霍殆尽，还为下个月的工资戴上了还债的帽子，一月是富翁，一月是乞丐的日子，又让理财从何谈起？而"量入为出"一词最早出于我国的《礼记》，是华夏先民对于理财的精辟概括，在当下对于工薪族来说仍是一个极为重要的理财宗旨，也是我们必须要养成的一个良好的理财习惯。

量入为出一直都是中国人较为普遍的理性消费原则，在贷款等超前消费一度风靡如流行感冒的情况下，量入为出的理财观念一度被弃之如履。而随着西方各国次贷危机爆发后，工薪族开始正视量入为出这一传统的理财观念。我们意识到，如果违背了量入为出的理财观念，极容易造成理不清的消费债务链。触犯理财大忌，将会削弱人们未来的消费能力。正因为如此，养成量入为出的习惯，是形成众多良好理财习惯的一个基础要求。

在某报进行的一次针对 100 名工薪族展开的随机调查中显示，约有 40% 的人每月的支出低于收入，有结余，有极为良好的量入为出的理财习惯；而另外有 32% 的人处于收支平衡的状态，也就是我们常说的"月光族"，这一类人较为典型的表现是挣多少花多少；28% 的人则成了入不敷出的负债族。调查中也发现，68% 的工薪族都持有信用卡，高达 32% 的人的信用卡每月都在透支，他们不大注意自己收入的多少和消费的数目，更不会有所谓的"量入为出"的理财习惯。而这一类人都表示，自己没有理财的习惯，往往是工资刚到手，钱包却已经空了，更不知道钱花到了哪里。

再者，这类工薪族极容易受到媒体宣传的诱导或者是周遭朋友的影响而产生随机消费、冲动消费和超前消费，完全不考虑自身收入的实际状况。当前越来越多的房奴、车奴就可以很好地说明这一点。

年轻白领小凉就是一个很好的例子。奥运那一年，小凉刚读完硕士，满怀憧憬地北上，成为北漂族中的一员。小凉顺利地进入某国企单位工作，工资加补贴每月有 5000 多元，再加上年终和节日不菲的奖金，相比普通的工薪阶层，小凉的收入可算丰厚。但是，几年下来小凉的各种花销也是一般人所不能与之匹敌的。

小凉是个正值青春年华的小女人，每月的美容费、置装费从来是不手软的。高档的美容院，名牌的服饰、化妆品总是小凉的最爱。她从来不考虑自己的工资能够自己消费多久，秉持的原则是"人生苦短及时行乐"，更别提养成所谓的量入为出、精打细算的理财习惯了。爱好旅游的小凉光某次清明期间的敦煌行就花费了近7000元，平日里也爱去周边的青岛、大连等地游玩。

有一次，房东提前收房，一直和同事合租而父母也从来没到过北京的小凉，考虑到准备让父母来北京玩玩。她开始翻自己的存款，也开始寻觅一个人住的房子。一番折腾下来，小凉心惊不已，不光是租金的涨幅之大让她心惊肉跳，更让自己头疼的是，工资颇高的自己原来一直都是入不敷出的，存款上可怜的几个数字让人感觉她只是个刚毕业的大学生，而同事准备买房不再与她合租的消息更让小凉倒抽凉气。现在四处寻觅合租人且钱包空空的小凉感慨着自己用最残酷的方式让自己明白了量入为出的理财习惯的重要性。

　　小凉就是因为不懂得量入为出的道理，每次拿到工资都是大肆挥霍，最后才得到这样的下场。那么，我们工薪族怎样才能养成量入为出的习惯，而为我们的理财道路铺路架桥呢？其实，讲究一些小的方法和注意事项就能很好地帮助我们形成量入为出的习惯。比如，制定账簿，了解自己的收入和支出的情况，通过对资金情况的掌控，可以更好地控制预算，控制支出；此外，将储蓄的良好理财习惯培养起来，这也将是形成"量入为出"习惯的坚固后盾。还有就是我们必须克制自我超前消费的欲望、不盲目的消费等，都是养成量入为出习惯的重要手段。

　　放眼周遭的富翁或者大款，他们富有、丰足、闲适的生活绝大多数是源于他们拥有正确且良好的理财习惯。用一个常见的比喻来说，人们的收入就好比是一条河流，我们的财富就像是一个水库，花出去的钱就好比流出去的水。水库积攒的水只有3万立方米，每日上游只能流入1万立方米的水，而每日我们开闸放水的量却妄图达到2万立方米，这样不到几日，水库便会见底了。这就很好地提醒我们，只有养成量入为出的良好习惯，才能让我们的财富如蓄水般越来越多。

　　正如《大卫·科波菲尔》中的推销商米考博先生说的："一

个人，如果每年收入 20 英镑，却花掉 20 英镑 6 便士，那将是一件最令人痛苦的事情。反之，如果他每年收入 20 英镑，却只花掉 19 英镑 6 便士，那是令人高兴的事情。"花钱不量入为出，即使是亿万富翁也可能成为身无分文的乞丐。

养成阅读财经信息的习惯

"书中自有黄金屋。"这句话想必每个人都不陌生，用到理财中这句话更是显得极为贴切。当然，在当前信息大爆炸的时代，"书"已经不仅仅局限于纸质书本的概念，人们早已将"书"的概念扩展成了信息。现在，世界已经越来越像一个整体，"地球村"的概念也是深入人心，无论哪个国家的经济发生波动，都会影响到其他地区。而就工薪族而言，社会经济的一丝波动对于自身理财目标的设定和规划都会产生或多会少的影响。这就说明，优先掌控第一手的财经信息，能够让我们在理财中占取先机，对于财经信息的充分理解，则能够让我们在理财的每一步骤中游刃有余。当下流行的一句话，"信息就是财富"，也向需要养成良好理财习惯的工薪族传递了一个信息。通过阅读财经信息，我们能够更好地做出投资、理财的各种选择，更好地把握致富的道路。

从现在不断涌现的新富中我们可以发现一个共同点，成为富翁的人大都是书痴，他们有良好的阅读财经信息的习惯，他们对于财经信息的渴望、探索和思考都是常人所无法企及的，他们将自己的理财之路越拓越宽，从而成了众人艳羡的富翁。理财中极为重要的投资领域，是需要有极为丰富的财经知识和信息的积累作为支撑的，眼下致富信息充盈于四周的社会，总有人能灵敏地发现财富的味道。这一类人往往有阅读财经信息的习惯，电视、广播、报刊中的财经信息他们很少会错过。因此，千万不要吝啬自己的时间与金钱，养成阅读财经信息的习惯，会是我们理财生涯中重要的灯塔。

大部分工薪族并不重视财经信息的重要性，在他们眼里，财经信息枯燥乏味，还不如谈情说爱的电视剧、灯光闪烁的酒吧和战斗激烈的网络游戏有意思，但是这些东西能给我们带来的仅仅是精神上的愉悦，而阅读财经信息，则可以让我们在理财的道路上取得成功，让我们更接近心中关于财富的梦想。

有一位消息灵通的记者，某天，他奔赴纽约去采访一位电信公司的总裁。采访过程中，这个总裁提到了当前公司遇到的一个难题：他们正准备斥巨资生产某种电脑的配套设备，但领导阶层空有对该设备市场前景的良好感觉，而缺乏较为权威的数据，无法确定多少人会买他们的产品，也无法预测市场的需求量。而恰好这位记者时常关注计算机领域的财经信息，对计算机市场的情况也颇为了解，于是他告诉这位总裁："我知道目前全世界共有 10 万台电脑，我可以通过一些途径联系到这些用户，并且了解到他们使用的电脑的型号，以及未来市场上电脑需要什么样的配套设备，形成一份详细的报告给你。"这位总裁提及了这份报告的价值，这位记者报价 15000 美元。

总裁听了，认真地告诉他："我们是一家大公司，怎么能相信你这么便宜的情报？你得到的应该不止这些钱，这些信息足以价值 30000 美元！而且我觉得，你不只可以卖给我个人，你还可以把这些信息卖给其他公司。"

这位记者听从了那位总裁的建议，并获得了大量的财富。而之后他自己注册了一家公司，就是现在闻名世界的 IDG（国际数据集团）的前身。而这位记者就是在 1964 年以 5000 美元起家的帕特里克·麦戈文。

　　当然有些人也许会不以为然地提出质疑："我不是经济学家，也不是理财师，我只是个每月领固定工资的普通工薪族，没有那个必要看那么多的财经信息，那些都太专业了，更别说养成阅读财经信息的习惯了。"事实上，阅读财经信息，只要多阅读经济方面的新闻、报纸、杂志，即使不学习复杂的专业知识，也能从中获取大量的财经信息，而这往往是极容易养成的习惯。

　　要养成阅读财经信息的习惯可以从生活的方方面面做起，我们可以边洗漱边听财经新闻，我们可以在包里携带一本财经方面的杂志，在手机上下载一些财经类的电子书，在地铁上、公交车上阅读财经报纸、杂志，随时随地为自己创造阅读的机会，每天固定一个时间段来进行阅读，从而了解社会的经济状况。而后我们就能根据了解到的财经信息，调整自我的理财思路和方向，对理财计划和目标进行适当的改进和改动。坚持关注、阅读财经信息将逐步成为一种习惯，自己就将逐渐成为理财达人，不必再求助理财师也能很好地掌控自己的财富。

理财要坚持到底，不要轻言放弃

最近两个看似风马牛不相及的东西常常被人们拿出来评头论足一番，那就是爱情和理财，似乎完全没有关系的两者能扯上什么关系。爱情是缠绵悱恻的，追求爱情修成正果讲究的是"坚持"二字，而理财同样需要坚持到底，不能轻言放弃。恋爱中的人们常说的一句话就是"时间可以证明一切"。理财又何尝不是如此，它不是随心所欲的"一时兴起"，而是坚持到底，不轻言放弃的"贯穿始终"。

短暂的激情是不值钱的，只有持久的激情才是赚钱的。理财也正是这个道理。很多工薪族都曾因为理财师的舌灿莲花而心痒难耐地投资了几项理财产品，买过基金或者期货，但是往往在几个月后并没有如期待的那样收回本金利润翻倍，甚至可能是亏得一塌糊涂，原本激情澎湃的内心像是瞬间被扔进去了一根"定海神针"，再也兴不起波澜。有的人说起理财，更是"谈虎色变"。而在进行理财规划时，很多人也往往受不了记账等各项理财措施的烦琐而将理财半途而废，他们宁愿过着"月光"的生活而不愿坚持理财，往往工作多年仍没有多少资产。

某外企的两位总经理助理小金和阿容私下是很要好的朋友，两人认识了很多年，而两年前，小金在阿容的建议下，开始了理财的道路，也开始尝试投资基金。两年中，社会经济起伏不断，基金市场也是波折不断，两人投资的收益少之又少，个别月份的收入则是"滴水不进"，看不到收益且极度缺乏耐心的小金断然从基金市场抽身，也从厌烦的理财中回归"月光"的生活，阿容则坚定了继续坚持的信心。两年的波荡期过后，眼下阿容的基金收益颇丰，接近自己的工资收入。而眼看着阿容在理财上得心应手，依旧依靠工资收入度日的小金惭愧不已，像阿容说的，小金的理财缺少的是坚持到底。

阿容告诉小金，自己当初也不是不担心赔钱，但当初两人都是基金定投，需要长期理财，最忌讳的是半途而废。而不仅仅是基金定投要坚持到底，理财这回事儿本身就是不能轻言放弃的"长期抗战"。在听了阿容的一席话后，小金坚定了自己理财的信念，准备再次开始理财，投身投资领域，下决心要守得住、耐得住，不再轻言放弃。

理财本就不是三两天的事，不是一时的冲动，也不需要我们的爆发力，它是一个中长期的坚持，小金的经历是很多工薪族的真实写照。由于工薪族固定且并不高的工资，在理财上难免会急于求成，而工薪族用以投资理财的金额有限，也使得收益见效慢，但是少量的金额用以坚持长期性的理财就能得到长远的良好收益，关键在于日积月累。在坚持的基础上，我们要保持恒心，持之以恒地进行理财，绝不中断，将理财变成生活中不可缺少的一部分，同时也要有耐心，要沉稳地等待行情来临。当理财成为你的习惯时，你对于投资收益的回报会少了那份急不可耐，你会发现时间是工薪族理财最好的良师益友。

美国某投资公司协会的一项调查研究显示，在过去进入股票市场，投资股市，以持有一个完全分散风险的投资组合来说，我们持有的时间越长，这个投资组合发生损失，给我们造成损失的概率也越小。持有一天下跌的可能性高达45%，持有一个月后，下跌的可能性仍有40%，而持有一年后，该投资组合下跌的可能性则下降到34%，五年后，下跌的可能性将为1%。如果我们再坚持下去，持有的时间达到十年以上，发生下跌和损失的可能性几乎为零。这个调查可以很好地说明，在投资理财领域，取得最后胜利的关键是坚持到底，所以千万不要轻言放弃。

　　工薪族作为较忙碌的一个社会群体，在巨大的工作和生活压力下，往往缺乏坚定的意志和耐性，而理财当中十分重要的就是意志坚定，在理财中坚持到底，不要轻言放弃，我们才会"守得云开见月明"，从而享受到理财为我们的生活带来的财富。俗话说知易行难，在理财领域尤其如此，理财需要时间，财富也需要时间的累积。坚持进行科学合理的理财，不轻言放弃，我们的财富就在未来不远处。

记账习惯是一生的财富

　　能够学会记账，养成记账的习惯，是我们一生的财富。记账看似简单，往往开始记账时信誓旦旦，但能坚持下来的人的确寥寥无几。大多数人不能养成良好的记账习惯，让记账半途而废的最大原因就是记账太琐碎，费时费力。不少人因为记账的混乱和动力不足而与财富擦肩而过，令人扼腕。

　　马林就是其中一个因为记账太过烦琐而放弃的人。看着身边越来越多的人开始记账，马林也买了个好看的笔记本并用它来记录自己的钱财出入。头两天里，马林是兴趣盎然，每笔花销记录在案。日复一日的记录，让马林心生厌烦之情。不久之后她再次翻看记账本，密密麻麻的本子上，记录着各种开销，大到租房费用，小到早点油条费用。杂乱的无序的钱数使得马林无从下手分析自己的钱财来源与支出。最后只得罢手，从此远离了记账。

相信像马林这种情况的人不在少数，平时工作生活的压力让我们忙得很少有多余的精力去打理纷繁复杂的账目。久而久之，烦琐而又枯燥的记账工作逐渐消磨了我们节省金钱的热情。那么，我们该如何去培养自己的记账习惯呢？这就需要我们学会一个正确的、科学的记账方法。那么马林的记账方法正确吗？会不会正是因为她的记账方法使用不当而导致了远离记账的后果呢？让我们再看一个例子。

小飞每天除了按时上下班之外，还有一个习惯雷打不动，那就是每天晚上按时记账，将这一天的收支全部记录在账。但是丈夫嘲笑她记出来的账是一百年前老太太的流水账，很没有技术含量。之后，小飞经过琢磨，找出了一套"先进"的记账方法，正是这个方法使得小飞坚持记账不半途而废，并且让日子过得有滋有味。

为什么马林和小飞都记了账，马林没有成功，而小飞却养成了记账的习惯了呢？这是因为小飞把自己的流水账改善了一下，找到了一套"先进"的方法，让自己免于半途而废的"劫难"。

其实，记账是有技巧的，这些技巧可以帮助大家保持记账习惯。

1. 概略记账

每天的生活费用每条都要记录下来是个很费精力的工作。其实大可不必这样，用大概支出的方法可以减少我们在日常生活中记录重复支出的厌烦感。例如，一天的交通费用花费 4.8 元，一个月按 30 天计算，一个月的交通费用即可记录为 144 元。同样地，伙食费用、水电煤气费、电话费、网费等，也可运用这种简化的记账方式记录重点。

2. 分类记账

记账贵在清楚记录钱的来去，每个人生活费用有限，从平日养成的记账习惯，可清楚得知每一项花费的多少，使我们了解自己的花费习惯。流水账般的逐项记载后，最重要的工作就是分类，不要让自己苦心记录的东西成为糊涂账。记账要分收支两项，每项里再细分，支出最简单的分类可分为衣、食、住、行、用、通信、育、乐、其他支出九大类（可视个人需要再加以细分）。设定收入与支出识别颜色，以便自己更清楚、更方便地检视账目。这项工作不用天天做，每个月用一天处理即可，可以在月初或月底，把上个月收入与开支做总整理，同时也可估算下一个周期的开支预算。

3. 收集单据

收集凭证单据是记账的基础，平常消费也应养成索取发票的习惯，通过凭证清楚地记下消费时间、金额、消费项目等，按消费性质分类，每一项按日期顺序排列，以方便日后的统计。

4. 支出分析

机械地简单地记录每日消费是不够的，节省出更多的钱财才是最终目的，为此，我们就要从记录的数据中分析哪里可以增加收入，哪里可以节省下不必要的和不合理的花费。

5. 记账全面

记账要全面，不可漏掉任何一笔小钱。在日常生活中常有些不被注意到的开销被忽略，比如一杯可乐、一张 DVD 光盘，长久累积下来，也不是一笔小数目，通过记账便可找到可以节省的小钱，积少成多，积累下来，也可以节省不少的钱财。

6. 记账要及时、连续、准确

最好在收支发生后及时进行记账，保证记录到册并且不易引起记录的误差。收集发票或者收据可以让我们在未能及时记录账目时保证数据的准确性。

记账要保证记录账目是连接不断的。不要三天打鱼两天晒网，一时心血来潮，就想到记账；一时心灰意冷，就置之不理。理财是一项长久的活动，必须要有长远的打算和坚持的信心。

记账更要耐心、细心。记账方向不能错误，别把收入和支出搞反了。收支分类要恰当。每笔记账记录都必须制定正确的收入分类金额，最好精确到元。日期正确最好，不要含混不清。

保持良好的记账习惯是向理财迈出的重要一步。种下一个行动，收获一种行为；种下一种行为，收获一种习惯；种下一种习惯，收获一生的财富。

第五节　投资自己，培养"治"富能力

盲目理财，薪水怕经不起"折腾"

现在的社会，干什么都需要知识，理财也一样。没知识，单凭我们的运气去理财，恐怕我们早晚要"翻船"。加上身为工薪族的我们，每个月领的不多的薪水，可是我们全家人生活的物质基础，若是不懂点理财知识就盲目理财，薪水怕是经不起"折腾"。

张华和张娟是同一个公司的职员，他们之前对理财相关方面的东西都很少关注，但是在社会上掀起一股理财的浪潮下，他们也萌生了理财的念头。

张华在公司一直都是个风云人物，在这场理财的风暴下，张华也不愿意自己落在人后，也想在这一领域独领风骚。虽然他对理财知之甚少，妻子工作也不稳定，收入很少，他一个月收入也就 4000 元左右，在这样的情况下，为了抓住大家的眼球，就去开了一张证券卡，摸索着去投资股票。因为在他的眼中，投资股票是成效最大的理财方式，由于他一点都不懂得股票的知识，对各个上市公司的状况也不太了解，所以他觉得投资上涨的股票应该赚钱最多。在这样的认知下，他总是看到哪只股票上涨，自己就把资金投到那只股票上面。也不知为什么，每次他一出手，那只股票保准下降。就他那点微薄的工资，不出一年，他就已经欠下朋友5万元了。

而张娟就不像张华这样盲目，她经常听到某个朋友在股市中小有收获，也就有了一点心动。想想也是，钱在银行存着，利息那么低，所以，她也拿出一部分来买股票。不过因为她对理财不是很了解，对股票更是个门外汉了，所以她就把资金交给朋友，让朋友帮她操作，收益还可以。后来她自己有时间也上网看看，学习一些股票的知识，然后就自己操作了，由于她的谨慎小心，也有一点收益。后来她又买了很多理财方面的书回家研读，慢慢地对理财有了一个大概的了解，也为自己的生活做了规划。

张华和张娟两个人都是在理财的大潮中投身理财的，但是，张华在自己对理财一无所知的情况下，盲目地采取了理财的操作，还非常愚昧地不顾自己的财务状况而选择了风险最大的股票来开始自己的理财生活。要知道，在股票市场，收益、风险并存，像他这样一点都不了解行情的人怎么可能会赢得好收益呢？而且，在股票投资的过程中，过于频繁操作，我们就会支付大量的手续费，这对我们的投资成本管理一点好处都没有。显然，张华没有了解到这一点，所以他就这样盲目地不停换手。可以说"无知"会让我们付出更多的投资成本。

而张娟就理智多了，在自己意识到理财的必要性的情况下，并没有很急切地投进去，而是找有经验的人帮她打理，自己再慢慢学习，等自己掌握了一些基本的理财知识之后才亲自打理自己的资产，并且还为自己做了一些规划，以此来引导自己的理财工作。

其实很多工薪族也会犯张华那样的错误，觉得自己怎么说也是大学毕业，现在干的是需要智力的工作，那点理财小事怎么能够难得了自己呢？

其实，我们都知道，即使我们能够从高中毕业或者从名牌大学拿到令人羡慕的学位，但是我们的理财知识也有可能还不如一名初中生。如果以这样的状态进入职场，我们就有可能不得不在现实世界里"赤身裸奔"。

糟糕的理财教育和缺乏投资规划，让很多工薪族陷入了只会花钱不会理财的尴尬境地，更要命的是，他们还总想着和那些同样不知理财为何物、花钱如流水的朋友攀比，丝毫不愿落后。这样，只会让我们的生活一如既往的糟糕。

我们不能因为有了理财的理念和想法，就想凭借这股信念来进行理财，妄图由此成为真正的理财人，过上好的生活。理财，需要的是科学的方法和知识，在知识的引导下，理财才能是理性、科学、系统的，而非盲目的。

理财，需要学点财务知识

汇丰人寿 2011 年 11 月公布的一个调查显示，在家庭日常管理方面，全球有 37% 的女性受访者表示，家庭日常支出管理主要由她们负责，略高于男性受访者的 34%。而在这项调查中，中国女性的比例达到 38%。不过，虽然更多的中国女性担负着家庭理财的重任，但在关于受访者掌握财务规划专业知识程度的调查选项中，中国仅有 4% 的受访者认为他们精通财务规划之道，其中，女性受访者的比例更是低于 1%，为全球受访国家和地区中最低。

对此，汇丰人寿首席执行官向媒体表示："调查显示，中国受访者精通财务规划专业知识的程度普遍不高。尽管多数拥有财务规划，但财务缺口依然存在。30~49 岁的人群通常承担更多的家庭责任，包括应对家庭潜在的财务风险、子女教育储备和父母赡养等，然而，他们中近 40% 没有人寿保障，并有超过 1/3 接近退休年龄的受访者没有退休养老规划。"

从这个资料中我们可以看到：想要理好财，就要懂得一点财务知识。虽然财务规划专业知识看起来是会计财务之类职业的人士才会懂得的，一般的员工很少接触这一类知识，但是，它对我们的理财成效会有很大的影响。如果我们想要开始理财，那么，最好先学习一些财务知识。

在美国职业篮球联盟，大多数球员每年的收入都可以达到上百万美元。但他们是有钱人吗？大多数球员看上去都非常有钱，但关键点并不在于他们赚了多少钱，而在于他们如何支配自己的收入。

2006 年，《多伦多明报》发表的一篇文章指出，一名 NBA 球员工会代表在参观多伦多猛龙队时就曾警告球员们要节制消费。他提醒这些球员，60% 的退役球员在失去作为 NBA 球员的可观收入后 5 年内即宣告破产。

为什么会出现这样的情况呢？这是因为大多数 NBA 球

员一心只关注自己的球技等与篮球相关的事情，缺乏财务知识，所以对于他们的财产，他们只知道自己的收入是多少，至于自己花出去了多少则毫无概念。可以说，他们的理财意识极差，甚至根本就没有，因为，高中教育没有帮助他们为理财做任何准备，更不会告诉他们关于个人的一些财务知识。

其实说来我们很多人也跟 NBA 球员一样，上学的时候没有接受过任何关于理财的财务知识的教育，所幸现在的学校都已经意识到这一点，有些学校已经把理财的课程加了进去。所以，为了我们不像 NBA 球员那样，没有了工作就等于破产，我们应该从现在开始，通过各种途径去学习一些财务知识。

当然，如果我们的人际关系非常好，我们可以请教公司或者单位的财务部门的员工，他们的财务知识是非常专业的。另外，我们也可以多看相关方面的书籍。现在市场上关于理财方面的书籍很多，对于一般的理财财务知识也会涉及，我们也可以看看这类的资料。

要知道，我们现在所处的时代比以前更加不安定，在未来的 25 年中我们会经历很多的兴衰起落，所以我们需要财务知识，需要做好财务规划，让自己的生活不至于因为经济状况的不稳定而大起大落、动荡不定。现在太多的人仍然过多地关注钱，而不是他们最大的财富——所受的教育。如果我们灵活一些，保持开放的头脑并不断学习，我们将在这些变化中一天比一天富有。所以，学习财务知识对我们来说至关重要。

举个例子来说，只有我们懂得财务知识，我们才能够分清楚什么是资产，什么是负债，这样才能够让自己在理财的过程中真正做到尽可能地购买资产。如果我们想要致富，这一点我们必须知道。资产和负债虽然看起来很简单，但是大多数人就是因为不清楚资产与负债之间的区别而苦苦挣扎在财务问题里。

我们通常非常重视"知识"这个词而非"财务知识"。如果我们自己去查字典，知道了"资产"和"负债"的字面意思，但没有财务知识，我们就参不透其中的真正意义，在生活中仍然会混淆"资产"和"负债"的意思。所以，为了让理财生活更加顺利，我们应该抽空学一点财务知识。

财商决定贫富，用薪水致富就靠它

"穷人和富人，只是一念之差。"这是一位富翁说的话。

穷人爱说："我可付不起。"而富人则会说："我怎样才能付得起呢？"一个是让我们放弃，另一个则促使我们去想办法。穷人是为钱做事，而富人是让钱为他做事！而这"一念"也正是一个人财商高低的体现。从中也可以看出，财商决定着我们的贫富。每个月总是领固定薪水的工薪族，想要致富，就要提高自己的财商，薪水致富就靠它了。

在我们的生活中，总会有一些"高薪穷人""月光族"之类出现，他们能够赚到高薪，那就说明他们的智商不低，那为什么他们还是"穷人"呢？这是因为他们的财商比较低。其实，从这些人的身上，我们也可以看到，并不是只有聪明人才能成为富翁，财商才是决定我们能否成为富翁的条件。如果我们的财商很低，即使我们是哈佛第一牛人，我们也只能成为一个整天耗在实验室的"科学疯人"，而不会成为坐拥天下的财富王子。

那么，什么是财商呢？财商是指一个人在理财方面的能力，是理财的智慧，是能够深刻认识市场经济规律、懂得灵活运用财富、让财富为我们服务的智慧。只要我们能够运用好财商，我们总有一天能够成为一名令人羡慕的富翁。

　　王杰是一个通过多年投资赚了些钱的工薪族，在 2008 年的元旦那天，他因在实业投资中被骗，栽了大跟头，加上被单位领导排挤而离职，变得一无所有。面对让人绝望的情况，王杰的心态仍然乐观平和。王杰 1980 年开始倒邮票，1996 年做过绿豆期货，从每克 110 元开始买纸黄金，1993 年开户炒股，在 2008 年 6000 点到 1600 点的大跌中仍赚了 20%，在社会上摸爬滚打，起起伏伏的他知道只要人健康地活着，投资翻本的机会几乎无处不在。

　　看到沪铜期货跌到每吨 25000 元，他立刻判断出这已经是世纪大底了，于是果断用自住的一套几十平方米的老房子贷款 15 万元买入 2000 股有色金属股票，并于 2009 年 9 月果断卖出，由此净赚 50 万元，并立刻以此为首付，贷款购入房价还在底部的北京通州两处二手房。在随后的半年中通州房价从购入时的每平方米 6000 元涨到 15000 元。由于预感到政策要变，他又在 4 月房产新政出台前一周毅然卖掉其中一套，而此时那个一年前一贫如洗的他已经将借来的 15 万元变成 150 万元了。

　　王杰虽然有过失误，但是因为拥有高财商，他并没有因此而一蹶不振，而是抓住市场大转身的机会，大赚了一笔。如果他财商不高，可能因为自己投资失败，就此打住投资的脚步，踏踏实实做一名得过且过的工薪族了。

其实，在高财商的人眼中，金钱对于人，无非就像衣服对于人一样，在他们那里，金钱就是一块石头、一张纸，他们不会把金钱视若鬼神，也不把它分为干净或肮脏。在他们心中钱就是钱，一件平常的物品。虽然他们孜孜以求地去获取它，但失去它的时候，也不会痛不欲生。正是这种认知，王杰才会表现得那么乐观平和，没有悲观厌世，最后主动抓住致富的机会让自己得以翻身。

对高财商的人来说，第一重要的事就是赚钱。他们关心的是如何大把大把地往自己的口袋里装钱，而从来不会在乎这钱是从哪儿来的。只要能赚钱，他们是不会放过机会的。所以，他们为了自己的生活更加体面、更加丰富多彩，会非常积极地去赚取金钱，但他们不会把金钱当成宝贝，或者为了金钱而不择手段，让自己的生活过得空洞而乏味。这也就是为什么财商高的人更容易成为富人的原因。

财商不是天生的，是靠我们后天的努力培养出来的。因此，对于每一个对财富和幸福有着美好追求的人来说，培养财商也是一堂必修课。一味把我们的钱财交由他人管理，让他人来解决我们的财务问题，我们将无法提高自己的理财智慧。对于理财，我们不能一味放手，要在他人帮助管理的过程中不断学习，通过向他人取经、向书本取经等方法充实自身的理财知识，逐渐自主自立进行理财，最终做到不再依靠他人。

训练阅读投资信息的良好判断力

我们现在是处在信息爆炸的时代，信息对我们的投资非常重要，可以说，谁先得到信息，谁就有可能挖到金矿。所以，想要致富的工薪族在投身到自己本职工作上的同时，应该广涉各方面的信息，尽可能较早地得到自己需要的信息。

王学泽在一家外企工作，由于受到总公司员工的影响，他在入职没多久后就开始了投资理财的生活，而且他也深知掌握信息对自己的投资理财是非常重要的，所以，他积极搞好人际关系，跟总公司那些精于投资理财的员工总是共享信息。

2007 年 1 月的一天，他突然接到总公司一位同事打来的电话，说他已经升职了，公司让他负责证券投资理财，他们前两天讨论研究了几天，发现人民币升值，股市在走大牛市，因此收益最好的是证券公司，佣金多、获益多，同事还建议了几家公司。王学泽又跟他讨论了哪些公司本身的业绩好，再结合自己本来就掌握的信息，王学泽决定投资那位同事推荐的公司。于是，他立刻打电话给报单工作人员。那位工作人员告诉他，他所关注的那只股票当时的售价是 12.58 元，离涨停还有 2 分钱。得到这个消息，他将仅有的钱以 12.59 元每只买进 10 万股。果真，它很快就涨停了。

后来，到了 2007 年 3 月 30 日，这只股票涨到了 40 元。由于这家公司的股票每股都含有 1.8 股广发证券，而广发证券又是仅次于中信证券的全国第二大证券公司，其营业部遍布全国。从全国上交所交易量与 2006 年的比较结果来看，发现它还有很大的上涨空间。所以，虽然已经涨了很多，王学泽仍然持股不抛。后来这只股票真的大涨到 140 元以上，王学泽大赚特赚。

王学泽刚好赶在涨停之前得到信息，而且能够及时做出判断，让自己抓住大赚一把的机会。如果他没有从他的同事那里得到这些信息，而且不能立马做出判断的话，那么，他肯定会错失这次发财的就会。从中我们可以看到，掌握信息很重要，但是能够根据信息做出正确的判断才是最重要的。所以，我们不仅要广涉各种投资信息，还要训练自己根据信息做出正确判断的能力。

对于广大的工薪族来说，我们对证券投资的理解局限于炒预期，盈亏主要来自对信息面的了解。而我们的信息来源无非是报纸、电视和亲戚朋友的小道消息，我们平时工作又很忙，不能够时时关注电视，而在我们身边，能够提供准确的小道消息的亲戚朋友也不多，所以，报纸提供的信息对我们而言是最重要的。这就需要我们特别训练阅读投资信息的良好判断力。

传闻一位证券市场的资深知名人士为了掌握信息，一下子就订了 108 份报纸，由此可见报纸上的信息还是比较靠谱的，就看我们自己怎么从中获取想要的投资理财的信息了。当然，我们也知道报纸上的信息比较杂，我们也没有必要把时间都花在细细研读报纸上的所有内容。我们只需要注意经济信息、要闻，什么爱情、绯闻、电影、文娱之类的都可以一概跳过，这样就可以为我们省下一些时间。不过，报纸也不会直截了当地告诉我们哪些信息是可用的，那么我们应该怎样从这些杂乱的消息中得到准确的消息呢？这就需要我们的判断力了。复旦大学谢教授曾经在他的文章中跟大家分享过他是如何从报上的信息判断出有价值的投资信息的经历。

他说，有一天早晨五点，他看了一下前一天的《中国证券报》，发现一篇文章是关于"大杨创世"董事长的文章。在那篇文章中那位董事长说巴菲特来她们公司三次，表示要跟她们公司合作，还着实夸奖了她们公司，认为她们公司是中国经济的缩影。她们公司九月就完成了全年的任务，情况很好，没有受到太多金融危机的影响。看了这条新闻，他打开电脑一看，这只股票在前一天竟是高开低走，在他看的时候仅是9元多，没涨过。而那位董事长谢教授早就认识，是中国最优秀的十大农民企业家之一，谢教授认为她的话肯定是实实在在的，所以，他马上判断那只股票将会大涨。后来那只股票当天真的在开盘几分钟后就涨停了，接着四五个涨停，后来一直涨到20元。

从谢教授跟我们分享的经历中，我们可以看到，辨认报纸上的信息是否真实是我们要判断的第一步。我们都明白，谁都会向外宣传自己好的一面，有些公司为了自己的发展，有时候会对外夸大自己的成绩，这也是常有的事。所以我们在看到各个公司的报道的时候，首先需要确定一下这个信息的真实情况有几分。

当然，我们没有谢教授那样的好运，能够认识到那些公司的高层，没法从他们的人品来判断信息的真假，但是我们可以从其他相关方面的消息进行推理，从而判断这些信息的真伪。当然，还有一个非常重要的判断，就是这样的信息一出来，它会对相关的股票产生怎样的影响。这些能力都是需要我们不断地去加强训练的。

没有金刚钻，别揽瓷器活：研究投资知识

中国有句古话："没有金刚钻，别揽瓷器活。"林肯也说："我如果要花八小时砍倒一棵树，那么我就会花六小时把自己的斧子磨得锋利。"对于理财也是一样，广大的工薪族在学生时代都很少接触投资知识，而要想在理财上取得较好的成就，必然需要做出一些投资的举动。为了我们在理财的时候能够取得好的回报，我们就有必要研究一下投资知识。

如果按照以前的思想，理财就是存钱，省吃俭用地存钱，大部分人都不知何为投资，何为理财。

股票是十分遥远的东西，基金更是不知为何物，这是现在大多数工薪族的状态和心理。但是现在通货膨胀的状况逐年残酷，仅靠存钱来理财我们的经济状况改善不大，投资能够让我们有机会跑赢通胀率。可是，如果没有投资知识，盲目进行投资的话，十有九输，为了多一点赢的机会，我们就需要好好研究投资知识。

王继承原本是在一家私企工作，工作积极向上，工资也一涨再涨。后来有一个朋友跟他分享了自己炒期货赚大钱的经历，也激发了王继承赚大钱的野心，于是他也加入了炒期货的大军。后来，经这位朋友的介绍，他认识了叶某。叶某告诉王继承自己正在做白银期货，他能够找到低于市场价的白银进货渠道。王继承相信了叶某的话，就跟他一起做白银期货的投资。他与叶某介绍认识的供应商签订了每块银锭（15公斤）预付5万元订金的合同，约定交货时按照交订金时的市场价结算。王继承投入了60万元。而2011年银价大跌，王继承在前一笔投资还没有兑现的情况下，又与那位供应商签订了第二个交易合同，又投进去了40万元，也就是说，王继承前后共投资了100万元进去。但是这位供应商一直都没有交货，总是不停地往后拖延日期，而且总是劝说王继承："现在市场价那么低，你拿回去也卖不出去，总不能亏本卖出去吧？"王继承想想也有道理，也就没太把这事放在心上。

到2012年春节过后，白银价格猛涨，从节前的600万元/吨涨到700万元/吨。王继承觉得这正好是自己赚大钱的机会，于是下定决心去找那位供应商交货。但是，当时的办公地已经人去楼空，介绍人叶某也消失不见了。王继承这才意识到自己受骗了，后悔不已，白白浪费了那100万元。

如果王继承懂得一点投资知识，或者是了解一点期货投资知识的话，相信他不会上这样的当。要知道，要想投资期货，是必须要在期货交易所开户之后才能够进行的，并不是两个人简简单单签个合同就行的。这是最基本的常识，连这一点都不知道，还想进行期货投资，那不就等于自投罗网吗？要知道，"没有金刚钻，就别揽瓷器活"，说的就是这个道理。

这不仅仅是指投资期货这一方面，任何投资都有与其他投资产品不一样的地方，这些都是需要我们去注意的。就连专业人士也觉得，如果没有相关方面的知识，还是不要投资的好。

有一位外资银行的理财产品设计人员就曾这样说过："如果投资者有稳定的外币收入，或者手中持有外币，或者将来有外币需求，比如孩子出国留学等，此种情形可以考虑购买外币理财产品。如果不是上述情形，而是需要将手中的人民币兑换后再购买外币理财产品，这类投资者如果没有外汇基础知识，对某个币种汇率走势也没有自我判断，最好谨慎购买外币理财产品，应该选择自己有判断的、能看懂的'东西'投资。"

从他的话中我们不难理解，不懂外汇知识，我们就要谨慎购买外币理财产品。同样道理，不懂股票知识，不懂基金知识，不懂债券知识……那么我们就不要轻易去投资，否则，就极有可能让自己赔得一干二净。

总之，为了我们自己以后理财有成果，为了自己以后能够过上好日子，我们必须学会理财，这就要求我们必须要抽出一些时间来研究投资知识，我们总不能因为不懂就拒绝那些发大财的机会吧？

第二章

生钱：赢得职场，收入稳稳增长

第一节　努力工作，争取积累更多本金

做好规划，冲击高薪

我们为了能够打理更多的本金，能够为自己提供更多的投资理财盈利的机会，我们都希望自己能够拥有"高薪"的工作。可以说，高薪是每一个工薪族都梦寐以求的目标，但如果你在追求高薪时不得其法，可能就会走一些弯路，甚至会到处碰壁。因此，要想找到高薪职位，我们需要从一开始就做好规划，这样才能够让自己顺利冲击"高薪"。

王金义是某外企的项目经理，他只工作了三年，年薪便已达 20 万元以上，对于自己的职业发展，王金义颇感自豪。

"正是因为我提前做好规划，所以我才能够在短短三年之内就能够冲到这么高的薪水。"他说，"我们本科刚毕业的时候，很多知名外企都到校园招聘，进京抑或是进沪，户口档案都能直接调过去，月薪一般在四五千元。如今，我们班那批考研的可惨了，工作越来越不好找，户口档案基本上无法调动，薪水更不高，更糟糕的是现在房价还越来越高！"

在王金义看来，正因为自己在毕业之前就提前做好了规划，所以，在他们班里那么多人都在准备考研的时候，他毫不犹豫地放弃考研选择直接参加工作，避开了越来越紧张的就业形势，让自己走对了第一步。而之后他也一直按照自己的规划一步一步往上爬，才让他得以在刚刚工作了三年，就拿到了 20 万元以上的高薪。

从王金义的经历中，我们可以看到，想要冲击"高薪"，提前做好规划是很重要的。在我们身边，来来去去的同事也不少，他们总是因为自己觉得在公司工作没什么意思就辞职走人，有的甚至连自己辞职后干什么都没有想好就走了，然后让自己的职场生活处在一种空白的阶段。这样"休息"了一段时间之后，我们再去找工作又只能从头干起，这样，如何冲击我们想要的"高薪"呢，如何给我们自己提供高额的理财本金呢？

美国作家雷恩·吉尔森在其职业规划丛书《选对池塘钓大鱼》中写道："生存的问题是需要发展来解决的。如果我们将着眼点始终放在生存上，也许就永远停留在维持生存的状态；如果我们一开始就关注发展问题，我们就将迈入崭新的人生境界。所以我们不要为了工作而工作、为了赚钱而工作，我们需要用发展的眼光为我们的工作和生活提前做好规划。"

林晓娟从学校毕业之后，先后做过服务员、保险业务员、家电促销员等工作，频繁地更换工作使她多少感到有点力不从心。在外人眼里，小林每个月都拿着一份不算太好也还马马虎虎的薪水，还算是个"全才"，以为这丰富的工作经历会给林晓娟在求职的时候提供加分点，但是她的每一份新工作的薪水总是不上不下。而随着青春的渐渐逝去，她日益意识到自己的职业发展身价也在不断下跌，想要拿高薪的机会越来越渺茫。

林晓娟就是因为没有提前做好规划，不知道自己适合哪个行业才会让自己从事这样多的而且不相干的工作职位。这对她的冲击"高薪"的目标一点帮助都没有，因为从一个不同的行业转到另一个行业去工作，别人不会把我们当作有工作经验的人来对待，只能够按最低的工作水平来给我们发工资。这样，如果我们总是从这个行业换到另一个行业去工作的话，我们就很难要求到高一点的薪水，这样就白白浪费了我们之前的工作经验了。

而如果我们提前做好工作规划，让自己在一个目标的指引下，在一个行业里一步一步地往上走，当我们达到高峰的时候，我们的薪水必然也会跟着我们的职位不断上升，这样，可供我们打理的钱财也就逐年增加。所以，我们从学校毕业的时候，不要过于盲目地去寻找工作，要提前做好工作规划。那么，我们该如何做好自己的工作规划呢？

首先我们要结合自己的专业、兴趣和特长，尽量在自己喜欢的行业里发展，这样在工作中才有积极主动的上进心；其次应当考虑市场对人才的需求量，将自己打造成为市场紧缺性岗位所需要的人才；再次要选择那些在可预见的未来不会消失，且能够持续而快速发展的职业；最后，还要看这份职业是否有无限发展空间，能不能帮助自己实现物质和能力的不断提升。如果我们能够做到这几点，那么相信我们的工作规划会带领着我们更早到达我们想要的"高薪"位置，为我们提供更多的理财本金。

想办法找到属于自己的"赚钱密码"

俗话说："不管是黑猫、白猫，能抓到老鼠的就是好猫。"对我们工薪族而言，也并不是只有穿西装打领带的才是正当职业，福布斯曾经公布美国最新的 400 大富豪名单，其中的许多富豪所从事的工作可谓五花八门，包括制造卫浴设备、卖沙拉酱、销售杀虫剂还有吹风机等项工作。所以，不管我们从事的是什么职业，只要我们能够找到自己的"赚钱密码"，让自己赚到源源不断的薪水就行了。

2012 年 2 月的时候，网上到处流传着一位"80 后"的美女辞去了人人羡慕的银行职员的工作，而去当月嫂的故事。这个故事的主人公叫高英，她在 2006 年大专毕业后，就到银行工作了，但是因为讨厌银行枯燥乏味的工作，她竟不顾亲友反对，毅然辞了工作，回到青岛当了一名月嫂。

她说："刚毕业我就结婚了，蜜月的时候就怀了宝宝，自己边学习边照顾宝宝。看的育婴方面的书多了，便喜欢上了这一行。我在上海工作了一年，觉得银行的工作十分无聊，便带着孩子回到青岛。后来接触了月嫂这一行，竟然坚持做了下来。一开始回来做这行，心里也有落差，家里父母也不理解，他们总觉得坐在办公室当白领才是好工作，可我权衡了一下，工作压力和收入并不成正比，我还不如从事自己喜欢的工作，并且月嫂收入也不低。"

从高英的话中我们可以体会到，高英非常喜欢自己后来选择的月嫂工作，这个工作的收入也的确不低，而且兴趣必然能够激发更多的工作热情，这样高英就会赚得更多。所以，从她的身上，我们就可以看到，找到自己的"赚钱密码"是多么的重要。

一个人只有在从事他所挚爱的职业，在充分发挥自己的能力时，才能更快地取得成功，而工作成功是高薪的基础。我们应该清楚地了解自己，这样才能找准自己的位置。找出符合自己的职业兴趣、能充分发挥我们专长的职业，就等于找到自己的"赚钱密码"，能让自己轻轻松松地赚到更多的钱。

著名职业经理人、惠普前全球副总裁孙正耀曾说："如果你对工作有兴趣，你就会有激情，你就不会为钱而努力，而是为理想而努力，到那个时候金钱自然也会有。所以说做任何事情，激情是第一位的。"可见，兴趣能给人带来工作激情，进而做出卓著的工作业绩。这就需要我们尽可能地像高英那样，找到自己的工作兴趣。那么，我们该如何找到自己的"赚钱密码"呢？

我们要想找到属于自己的"赚钱密码"，让自己在工作上轻轻松松地赚大钱的话，可以通过两个方法来实现。

第一个方法，找到我们自己的最大的梦想，让这个梦想一直支撑我们的工作。既然是我们最大的梦想，我们就不可能一蹴而就，这就需要钱先帮我们完成一些责任。那么，为了能够尽快积攒到实现我们最大梦想的资金，我们就必须先找出自己最突出的成功特质。比如，找专业对口的工作，或是以自行创业的方法来换取最高报酬。相信我们不希望自己就像身边的一些人一样，过着行尸走肉一般的生活却不自知。

另一个方法是，如果我们现在从事的工作一直没办法让我们开心，甚至无法赚到我们生活需要的钱，那倒不如先反过来，辞去这样的工作，然后去找到自己喜欢的行业。因为我们都已经明白了这样的道理：从事自己喜欢的事业，不但不会觉得辛苦，财富反而会随着我们的热情而来。当我们找到我们喜欢的事业之后，工作热情自然会被激发，这样，金钱自然而然地就来了。

找准定位，身价决定你的"薪"情

对于我们工薪族来说，没有人不想得到一份高薪，虽然得到一份高薪会受到很多方面的制约和影响，可是能否得到高薪的最根本的因素还是我们自身的身价。如果我们的身价很低，给我们发薪水的也不会傻眼到给我们过高的薪水，即使他一时糊涂，他还是能够发现并及时纠正自己的失误。而有的人自己却过低地估计了自己的身价，去申请了相对低薪的工作。要知道，只有找准了定位，我们才能够拿到我们最应该拿到的薪水，可以说，我们的身价决定我们的"薪"情。

郑新涵是一所名牌大学的毕业生，因为有着学校品牌做后盾，他自我感觉良好，所以在找工作的时候对自己定位很高，专挑那些世界500强的公司去面试。后来他终于如愿进入了一家公司，由于他面试的时候表现很好，加上他的名牌学校背景，公司给他提供的底薪是全公司最高的。但是工作一段时间之后，他自己就觉得公司对他有看法，觉得自己的工作能力达不到老板期待中的那样。

果真，一年之后，公司找了个借口把他的底薪水平往下调了，甚至还把他下放到基层部门，说是公司有安排他挑大担子的打算，让他到下面锻炼锻炼。但是这个举措很伤他的心，他去跟老板理论，没想到老板只给了他一句话："你还真把自己当成一个人物啊，就你那点能力连现在的薪水都不配。"

郑新涵因为自己是名牌大学的毕业生，对自己的定位过高，以致在他得到工作之后却没有能力达到自己最初给自己定位的水平。而没有公司愿意倒贴钱去养员工，如果员工不能给公司带来利润，不管这名员工他自身的条件多么好，对公司来说，都没有存在的必要。可以说，郑新涵在工作上遇到的不愉快的事情都是由于他没有找准自己的定位，不理解自己的"薪"情是由自己的身价来决定的道理。

其实对于郑新涵这样高估了自己的身价，给自己的定位过高的情况还算是比较幸运的事情，毕竟给他的薪水很多，这给他的投资理财提供了更多的本金，而如果他能够在得到这样的机会的时候抓紧时间提升自己的能力，让自己符合那样的高水平，那么，他就能够一直享受到这样高的待遇了。而很多不幸的人却因为胆小谨慎，给自己的定位过低，以致让能力很高的自己只能拿到很低的薪水。

苏晓彤现在已经是她们公司策划部门的主管了，想起她当初进公司的时候，她还是很后悔自己当初给自己的定位太低了。

当时她觉得自己刚毕业没多久，是行业的新人，就没有要求过高的工资。但是她进了公司之后，不到两个月时间，就已经独立完成了四五个策划了。她们领导还安排她帮另一个文案一起工作，在合作中，她发现那个文案的能力很差。她说："有一次我们一起做一个楼书，我写后四个部分，她写前四个部分，然后合在一起给客户看，客户看了，说不行！要修改，修改的全部是她写的那部分的内容。"然后他们领导还让苏晓彤来修改那些内容。这样的情况在她们的合作中不止一次出现，问题是，这个文案的工资却是比苏晓彤高了很多的。她当时的心情很是不平衡，自己干那么多活，几乎成绩都是自己挣出来的，自己反而比别人拿得少。

她说："所幸当时我挺过来了，一直忍着，过了试用期的时候，我大着胆子要求公司给我提高工资水平。"由于她在试用期工作成绩很优秀，公司为了留住人才也答应了她的请求，也就有了现在已经成为部门主管的她。

从苏晓彤的经历中我们可以看到，如果我们自己都低估了自己的价值，就更不能奢望别人高估我们。给我们发薪水的人，很大程度上是参考了我们对自己的"定价"，所以我们在找工作的时候要评估自己的实力，做出准确的定位，找到合适的企业，发挥自己的专长，如此一来我们的"身价"自然就上去了，到时候还怕薪水不跟着水涨船高吗？还怕没有供我们理财的本金吗？

总之，我们要想拿到高薪，必须给自己定好价。当然，我们的这个价格必须是合理的，如果我们的"成本价"只有10元，而我们却非要把自己"卖"到上万元，那显然是不合理的。

做"限量商品"，用专业让自己赚得更多

有很多专家，懂得很多，但是赚得很少，因为他们只会

钻研自己的专业，而没有把自己的专业跟经济挂上钩。既然我们想要理财，我们就不能白白浪费了专业能够带给我们的经济效益。所以，我们在这里说的专业人士指的是那些把专业知识和经济智慧成功结合在一起的人。就像比尔·盖茨靠的是计算机软件，史蒂文·斯皮尔伯格靠的是特效电影，而罗德瑞克靠的是标榜自然化妆品的美体小铺。

要知道，物以稀为贵，如果我们某一方面的技术只是一般水平，像我们这样的人天底下多得是，就不能称为"稀"，我们也就"贵"不起来。相反，如果我们的某一项专业技术精通到很少有人能与我们相比的地步，那我们就可称得上"稀"了，也就是"限量商品"了。要使自己成为某一方面技术的稀少之人、珍贵之人，使自己的身价倍增，办法只有一个，那就是刻苦学习专业知识，认真钻研专业技能，务求弄懂它，弄通它，精通它，成为这一领域的佼佼者。这样，何愁拿不到高薪！

从另一个角度来说，就是让我们干一行，爱一行，精一行，只要努力，就会有收获！除非我们实在厌恶了某个行业，否则最好不要轻易转行。因为这样会使我们中断学习，降低效果。每一行都有其苦乐，因此我们不必想得太多，关键是要把精力放在工作上，要像海绵一样，广泛吸取这一行业中的各种知识。我们可以向同事、主管、前辈请教，还可以吸收各种报纸、杂志的信息。

另外，专业进修班、讲座、研讨会也都要参加，也就是说，要在我们所干的这一行业中全方位地深度发展。假若我们学有所精，并在自己的工作中表现出来，我们必然会受到老板的注意。那么怎样才能"尽快"在本行中成为专家呢？

首先，我们应该选定最适合自己的，最能将自己的优势表露无遗的行业——我们可以根据自己所学的专业来进行选择。当然，在很多情况下，我们也许没有机会"学以致用"，"学非所用"的情况很常见，但这并不妨碍我们成为自己所从事的行业中的佼佼者。所以，与其根据学业来选，不如根据兴趣来定。

其次，要把最初的工作经历当作一种再学习的机会。除了多向同行请教以外，我们还可以收集各种报纸、杂志的信息，从多种媒体渠道获得需要的知识。如果我们的时间允许，参加专业进修班、讲座、研讨会等都是不错的选择，也就是说，我们应该打定主意，一门心思在我们所从事的这一行业中谋求全方位、深层次的发展，而不是得过且过地混日子。

我们可以把自己的学习分成几个阶段，并限定在一定的时间内完成一定量知识的学习。这是一种压迫式的学习方法，可以逼迫自己向前进步，也可以改变自己的习性，训练自己的意志。当然，我们不必急于"功成名就"，但一段时间之后，假若我们学有所成，我们便可以开始在工作中展示自己学习的成果，从而引起他人的注意。当我们成为专家后，我们的身价必会水涨船高，也用不着我们去自抬身价，这便是我们"赚大钱"的基本条件。因为我们不一定能当老板，但有了"专家"的身份，人人都会看重我们。我们的地位是不可动摇的，如果一旦缺席，都会引起一片震动。

不过，成为"专家"之后，我们还必须注意时代发展的潮流，并不断提高自我；否则，我们也会像其他人一样原地踏步，"专家"之色也会褪掉，薪水自然也会变得平庸。

在自己的工作上获得成功

要想让自己成为富有的工薪族，最重要的就是要在自己的工作上获得成功。没有一个知名的富人在自己的事业上是一个失败者而自己最终还成了一个富翁。当然我们所说的成功并不是众人高歌的"功成名就"，而是在我们的工作岗位上干出成绩。只有干出优秀的成绩，我们才能够拥有更加丰厚的薪水，才可以为我们的理财提供更多的本金。

海伦在一家公司当速记员，有一天，她正在收拾东西准备下班回家去看足球的时候，附近一个公司的律师过来问她哪儿能找到一位速记员来帮忙，他手头有些工作必须当天完成。海伦告诉他，公司所有的速记员都去观看球赛了，如果晚来五分钟，自己也会走。自己愿意留下来帮助他，因为"球赛随时都可以看，但是工作必须当天完成"。

做完工作之后，律师问海伦应该付她多少钱。海伦开玩笑地回答："哦，既然是你的工作，大约1000美元吧。如果是别人的工作，我是不会收取任何费用的。"律师笑了笑，向海伦表示谢意。

海伦的回答不过是一个玩笑，并没有想真正得到1000美元。但出乎意料，那位律师竟然真的这样做了。6个月后，在海伦已将此事忘到九霄云外时，律师找到了海伦，交给她1000美元，并且邀请海伦到自己公司工作，薪水比她原来的薪水高出1000多美元。

海伦就凭着自己这一次的"偶遇"让自己薪水一下子增加了1000多美元。大家都知道，海伦是一个速记员，如果她的工作能力不行，即使她再怎么热心帮忙，相信那个律师也不会高薪聘请她去自己的公司。从另一个方面来说，这也就反映了海伦在她的工作领域里算是成功的。她把自己的能力向这位律师展示之后，得到了律师的认可。所以，如果我们也能够在自己的领域里得到别人的认可的话，我们也会得到像海伦那样的"加薪"待遇的。

周晓峰原本是出生在农村的孩子，大学毕业之后，分配的公司待遇不好，并且没多久就倒闭了，之后他去一家商务公司应聘做业务员，给公司推销投影仪。为了让自己家里人能够过上好一点的生活，周晓峰就拼了命地去干，别人不肯接的难缠的客户，还有处于远郊的客户，他全都接过来，签了单，还维护得有声有色，不仅给公司树立起前所未有的品牌形象，还扩充了公司的客户资源，以至很有资历的老业务员业绩都没有他好。

他周末从来不休息，除了整理自己的客户资源，还要四处走动，挖掘潜在的客户，和他们处好关系。毕业后第一年，他终于告别地下室的居住时代，用所有的积蓄付了买房的首付款，并把父亲弟妹都接过来。后来他还用自己赚到的提成，投资了股票，虽然赚得不多，但有聊胜于无。现在因为自己手头拥有很多客户的资料，又维护得好，早就出来自立门户了，自己打理着自己的公司，日子过得也不错。

从周晓峰的身上我们可以看到，虽然我们现在是给别人打工，赚的远远比不上自己为公司赚得多，但是，如果我们能够在自己的工作上取得成功，也会为我们今后的成功扫清障碍，铺平道路。

看看周晓峰，在那家商务公司当业务员的时候，不管条件多么困难的客户都接，还很积极主动地利用自己的业余时间为公司开发新的客源，并且在维护与这些客户的关系的过程中，取得了这些客户的信任。之后他自己开公司，就已经拥有了自己的客源。这就节省了他创业开拓市场的环节，也为他节省了大笔的资金，让他又可以用这笔资金为自己带来更多的收入。

其实，想要成功也不难。当我们下定决心要到达成功时，它就变成了我们生命中最重要的一个词语，这样，我们就会珍惜自己的工作。只有珍惜才会长久地拥有。很多人无视自己所拥有的，却去追求那些并不是自己真正想要的东西，直到失去本来拥有的工作时，才懊悔不已。对工作，我们一定要懂得三思惜福，好好珍惜，要把心思集中在干事上，把本领用在本职工作上，这样才能全面实现公司与个人的双赢。

总之，我们的工作是很重要的。它不仅仅是自尊及成就感的来源，也是收入的来源。我们应该庆幸自己拥有一份工作，还要全力以赴把工作做好。

第二节 低薪时代，干份兼职赚外快

别错过工作之余的许多致富机会

很多工薪族都有这样的想法：为什么我努力工作，生活却不如不努力工作的人？为什么我工资比他们多一些，却还是比他们穷？为什么我努力工作却买不起私家车？为什么我努力工作却买不起大房子？为什么我努力工作，生活还这般拮据？

而且在我们的身边，也有很多长辈在自己岗位上倾注了毕生心血，但他们现在的生活却很艰难。他们中的一些人还在用退休金还债，一些人连生病住院自付部分的钱都没有着落，还有一些人靠左邻右舍的施舍过日子……

看着这些，我们是不是要质疑努力工作的必要性。其实努力工作没有错，只是如果只把心思放在工作上，我们就会错过了工作之余的许多致富的机会，如果我们能够充分利用工作之余的许多致富机会，我们还是可以在不耽误工作的前提下加快致富的步伐。

王晓莹和苏琳是同一个楼层不同公司的两个前台，由于两家公司的门面靠得比较近，两个前台天天见面的机会多了，也就成了朋友。她们的工作是每天接打电话，上班时间内有大把大把的空余时间。王晓莹在大学的时候学的是中文，尤其爱看小说，如今的工作这样的悠闲，她又想起了小说这件事，但是在公司上班又不能带着小说来看。于是她就在网上四处看，但是现在的网站都需要付费才能够看完所有的内容。王晓莹从中看到了商机，她想："既然我看不了，我就写吧，说不定我也能像他们一样可以靠写书生活呢！"于是她就在网上注册了一个作者的号，每天在工作之余就添加内容。想来是因为王晓莹的文字底子好，她还没写完就有人给她打电话要她那本小说的版权。这一签她一下子就得到了两万元的收入。由于工作的空余时间多，她一个月就能够完成一本十几万字的作品，一年下来她仅靠自己在工作之余写的小说就可以拿到二十多万元。

而苏琳，天天还是照样百无聊赖地过日子，有电话过来就接，没有就在那里盲目看网页，时不时在网上买点东西。她们就这样过了两年，王晓莹靠着自己写稿子的收入在市郊买了一套房子，虽然小，但总算是安了家，而苏琳仍然是靠着每个月 2500 元的工资过日子，生活跟两年前还是一样，没有改变。

苏琳和王晓莹同样都是在公司里做前台工作，工资同样是 2500 元，两年之后，一个还在原地踏步，一个已经买了房子，差别这么大的原因是有没有抓住工作之余的致富机会。王晓莹利用自己工作的空闲时间很多的特点，自己写稿子赚钱，而苏琳则白白浪费了这些时间，甚至利用这些时间去网上购物，做一些消耗自己钱财的事。从她们俩的财富观差别上看，我们就可以深切明白了抓住工作之余的致富机会是多么重要的事情。

工薪族在上班的时候，不要只为了工作而上班，可以在上班之余寻找致富的信息。只要有心，我们的周围随时存在着致富的机会。也许我们左脚和右脚都各踩着一个致富的机会，关键是我们有没有发现它。相同的，致富的机遇也往往就藏在我们日常的生活中,关键是我们有没有发现并抓住它。我们中的许多人苦苦追求财富，但最终还是两手空空，就是因为他们不善于发现身边的财富。

不过，利用工作之余的时间进行创富，一定要权衡好自己的时间安排，不能因为业余的工作忽略了正职的工作。那么，想要抓住工作之余的致富机会应该注意哪些问题呢？

1. 工作和兼职要分明

兼职如果要花时间，只能花业余的时间。上班时间就是上班，单位已经以工资的形式买下了我们的上班时间，不可挪作他用。下班时间是我们自己的，我们可自由支配。用下班时间来做兼职，才心安理得。像王晓莹那样能够在上班时间来做兼职，是因为她的职责就是接听电话而已，中间的空余时间也没有安排其他的工作，所以是允许的。

2. 选择一些不占用太多时间的工作

业余兼职，与全职工作不一样，它要求我们花费的时间不能太多，否则可能影响我们的正常工作。如果工作和业余工作相互是不良影响，那么可能鱼和熊掌中的任一个都得不到。

3. 最好做些我们熟悉的工作

业余工作要是与所从事的行业或工作性质相关，那么成功的概率会更高些。当然，我们所从事的职业可能对我们的业余工作有所限制，我们不能违反职业道德或是职业规定来做业余工作。像王晓莹做的是前台的工作，而创作小说就不会跟她的工作起冲突。

只要能够处理好以上三个方面的问题，我们就可以放心大胆地去抓住工作之余的致富机会，让自己更加迅速地实现成为富人的梦想。

找一份兼职，增加资金的额外收入

现在是一个通货膨胀的年代，"死薪水"搭配"死利息"，工薪族要致富可真是比登天还难。一位拥有 200 万元存款的小富翁，只要把钱放在年息 4% 的投资商品上，一年光是利息收入就有 8 万元，相当于每月超过 6000 元。但反过来说，月薪 6000 元的工薪族，就算不吃不喝辛勤工作一整年，也存不到 8 万元。在这样的情况下，如果我们想要生活得好一点，就要找一份兼职，增加额外收入。

彼得·林奇 10 岁那年，父亲因病去世，全家的生活陷入困境。为了缓解家庭的经济压力，他在一个高尔夫球场当球童。读完中学后，顺利考进波士顿学院，即使在学习期间，他也未放弃兼职球童的工作。大学一年级时，林奇获得了球童奖学金，加上积累的小费，他不仅可以自己支付昂贵的学费，而且还剩下一笔不小的积蓄。

大二那年，他听完证券学教授讲授的美国空运公司的未来前景后，立刻从积蓄中拿出 1250 美元投资于飞虎航空公司的股票。这种股票因太平洋沿岸国家空中运输的发展而暴涨。林奇凭借这笔资金狠狠地赚了一笔外快，这笔钱供他读完了大学，还读完了研究生。

彼得·林奇攻读研究生时也没有闲着，他早已经深深体会到各种兼职给他带来的金钱收获。他利用暑假时间，在富达公司找到了一份兼职工作。那时候富达公司在美国发行共同基金的工作做得非常出色，所以彼得·林奇能在这样的公司实习是件很幸运的事。在富达公司，他除了得到比较可观的实习费外，还通过深入接触股票，认识到了股票的真实面目。

后来，他正式进入了富达公司工作。1974 年，彼得·林奇升任富达公司的研究主管。1977 年，彼得·林奇被任命为富达旗下的麦哲伦基金的主管，从此他拥有了一片可以展翅高飞的天空，成为我们都知道的投资大师，也拥有了我们都羡慕的富有生活。

看看投资大师彼得·林奇的早年生活，一直都有兼职伴随着他。小的时候当球童，这个兼职一直干到大学期间。到研究生的时候，他还是一直在做着兼职的工作。从上面的资料中，我们可以看到，兼职不仅仅给他积累了生活所需的资金，还给他带来了很多在日后倍加受用的知识，让他在投资界崭露头角，为自己带来丰厚的资金收入。

虽然彼得·林奇是在上学期间做的兼职，但是这个情形跟我们工薪族也是有一定的相似之处。我们有一个正职束缚着，而彼得·林奇有自己的学业束缚着，都只能在自己空余的时间出去做兼职。而且，彼得·林奇的"正职"还不能给他带来收入，而我们的正职却是我们主要的资金收入的渠道。这样一来，我们更能证明兼职能够帮我们增加资金的能力，彼得·林奇都能够靠兼职养活自己，并且帮助自己完成了学业，那么我们在已经有的正职收入的基础上再加上兼职的收入，想必我们的生活将会更加轻松完美。

在如今的信息时代和关系社会中，其实我们工薪族寻找兼职的机会也是非常多的。一些新兴的行业如计算机程序编写、财会工作的自由度较大，也为工薪族提供了更多的兼职机会。兼职已不像以前那样让人感觉异样和新鲜，许多人对此已经跃跃欲试，更有不少人已经在兼职的道路上轻车熟路地"脚踏两只船"了。

据统计，中国台湾目前有 1/4 的人在兼职，大多数的人是为了赚钱，但也有不少人却是靠兼职忙出了生活的乐趣。在工作之余，他们每月能多存一定的金额到自己的退休账户中滚存复利，甚至还走出了跟一般人不一样的生活方式。所以，我们不要以为做兼职会是非常辛苦的事，它除了能够给我们增加资金之外，还能丰富我们的生活。

要知道，一个人如果在一个封闭的环境中待的时间久了，就很难有所突破，难以拓展人生经历。自己的专业水平在一个小环境里也不容易提升，而且长时间待在一个相同的环境中，也会让人产生厌倦感，会消弭人的激情与创意，而如果选择一份合适的兼职，就能够从封闭的环境中走出来，接触到更多的人和事，不仅可以提高工作能力，还可以积累一定的工作和社会交际关系。这样还可以帮助我们在正职上有所进步，也可能会提高我们的薪水。

将爱好变成赚钱的"发动机"

在我们工薪族的大军中，很大一部分人从事的工作并不是自己的爱好，只是为了生存，不得不干着自己目前的工作。我们都知道，找工作其实就是寻求一个能够发挥自己能力的舞台。尽情发挥自己的潜能是每个人都渴望的，但是现实中我们的本职工作往往只能用到个人能力的一方面，无法让自己的能力得到淋漓尽致的全面发挥，更不用说满足自己的兴趣爱好了。然而，如果我们能够坚持自己的兴趣爱好的话，我们也是能够在不影响正职工作的前提下，将爱好变成我们赚钱的"发动机"。

姜师傅是一个国企的员工，在一个工厂工作，已经年过半百。他一直都喜欢花花草草之类的东西，所以，下班之后就在家里摆弄一些花花草草，时间长了他发现鲜花特别受到大家喜欢，但在他们那里又没有专业花卉市场，自己又特别喜欢盆栽和花卉，所以他便有了下班之余做做卖花生意的想法。随后他拿出家里的一些积蓄租了一亩地作为花圃开始种花，一边向种花能手请教，一边查资料学经验，这一干还真干出了一点成绩。

姜师傅说："早晨6点多是浇花的最佳时机，每天早起浇完花后就去上班，中午的时候回来卖两个小时，下午再去上班，下班之后晚上再卖，周末的话就可以全天做买卖。"对于姜师傅来说，爱好是第一位，其次才是卖花的收入，而且，由于姜师傅把花侍候得很好，生意也不错。

姜师傅说："生意最不景气时一天也能卖两百多元，最好的时候还能卖上千元，除去花圃等各种费用，每个月的纯收入也有上万元。"

姜师傅已经是年过半百的国企员工，再过不久他就要面临退休的问题了。不过因为他一直坚持在下班的空余时间里做卖花的生意，一个月纯收入都能够有上万元，所以，即使到时退休了，有这份兼职也能够让他过上不错的生活了。从姜师傅的身上，我们可以看到，干着不喜欢的工作和实现自己的爱好一点都不冲突，我们甚至可以像姜师傅那样让爱好给自己带来丰厚的资金。

夏梦洁一直都很喜欢写作，曾经是中文系有名的才女。毕业之后，她进了一家事业单位，平时工作很清闲，所以她就用自己的爱好打发无聊的时间，开始写一些文章投给报社，没想到自己的稿子第一次就被顺利采纳。看到自己的爱好竟然能带来收入，夏梦洁坚定了坚持自己爱好的决定。于是，她开始有针对性地给不同的报社、杂志社写稿，并将写稿当成一份"事业"来做。

现在，夏梦洁每月的稿费收入少则数百元，多则上千元，而且生活也变得快乐而充实。既打发了空余的时光，更重要的是也能从自己喜欢的事情中赚钱。

其实，我们每个人都有自己的一点小爱好，有人喜欢唱歌，有人喜欢跳舞，有人喜欢打游戏……爱好各种各样，每一种爱好都有自己的存在方式，也有各自赚钱的方式。像唱歌，唱得好的可以去酒吧、咖啡厅驻唱，或者是街头唱歌都可以。酒吧里一天挣三四百元很容易，而街头唱歌，我们就很难说得准可以得到多少。平常在街上看到那些流浪歌手，多多少少都会有人给一些赏钱，1 元、5 元、10 元，给百元大钞也是有的。总之，只要我们愿意，我们总是能够找到用自己爱好赚钱的方式。

俗话说："赚钱之道，上算是用'钱'生钱，中算靠'知识'赚钱，下算要靠'体力'赚钱。"但不管用什么方式，只要靠自己的努力赚钱，都有机会打造不平凡的人生。对于大多数工薪族来说，利用自己的爱好做兼职的一个最直接益处是可以捞外快，能够增加自己的收入，从而改善自己的经济状况，让自己有财可理。事实上，只要运作得当，利用爱好做兼职能够带给我们的好处远不止这一项。

网赚是工薪族不错的选择

网赚，顾名思义，就是利用网络来赚钱。在网上赚钱，指的就是利用电脑、服务器等设备通过因特网获利的赚钱方式。目前网赚的方式有电子商务、推销商品、介绍会员、代理广告、网络调研、冲浪赚钱、游戏赚钱、下载软件赚钱等。现在我们已经进入了全民网络时代，任何工作都离不开电脑。所以，不管我们从事的是什么行业、哪个工作，我们要想干份兼职赚外快的话，网赚是我们工薪族不错的选择。

　　杨光强在一家培训机构工作，在众人眼里，他的工作轻松收入也不错，但是他却说那些令人羡慕的收入不是他的工资所得，都是靠做兼职赚来的。原来他从 2010 年起就已经开始了一名兼职"淘宝客"的生活了。

　　在淘宝网盛行，网店到处绽放的时候，由于杨光强自己既没有货源，也没有资金，也不可能花很多时间去打理它，所以就选择了这种最"偷懒"的赚钱方式——"淘宝客"。杨光强说："消费者进入一个个网店，他们看到的只是单一品种的商品，或者是服装，或者是玩具，或者是化妆品。而我的网站做的'淘宝客'，就像是一个大超市，是综合性购物。消费者可以在这里一起购买多宗不同种类的商品，从而省下邮费。"他还说："'淘宝客'这个行业起点低，只要有网络为平台，挑选质量好、有信誉的产品，通过网络成交即可赚钱，不需要花很多的精力。只要用心去做，一定能从这个行业中淘到一桶金的。"他表示，在淘宝上做"淘宝客"的人成千上万，一个月拿几千元、上万元，甚至几万元的也不在少数。

从杨光强的话中，我们可以看到，兼职做淘宝客的人不在少数，一个月也能赚到上千元、上万元的收入。这样的收入对很多工薪族来说，也是很高的收入了，大部分工薪族的薪水都是在三四千元左右徘徊。如果我们在下班之后，也做一个淘宝客，说不定也能够让我们的工资提高一个档次呢。像这样的工作不需要我们投入过多的时间和精力，我们不用担心会耽误到我们的正职工作。

当然，网赚并不只有这样一种方式，像赵晓，他的网赚方式就显得非常有趣了。

赵晓本身做的是网络设计的工作，一般下班回家之后自己都不会再碰电脑，但是因为他老婆在开心网上偷菜入迷，为了让老婆省去起早贪黑偷菜的麻烦，他干脆自己申请了多个QQ号，在每个QQ上开辟菜地种菜，建立了一个专门的QQ群给老婆偷。

有一次，一名升级心切的网友请求付费进入赵晓的QQ群里偷菜。他灵光一闪，马上注册了一个网店叫卖自己的农产品，没想到竟吸引了不少玩家争相购买。他为玩家设置了一个时间收费标准，采摘一周，价格从15元到45元不等。如果玩家满意，则以100~200元的价格，将农场包月给玩家。这样一来，自己一点都不用费心，而且还有源源不断的资金进账。

种花、偷菜，相信很多工薪族都玩过这样的游戏，而很多人肯定在当时也玩得不亦乐乎。我们在玩，赵晓本来还是为了让自己的老婆玩的，但是他能够在其中发现赚钱的商机，并让自己的种花、偷菜的游戏成为自己的兼职事业。让自己在玩的同时也有资金进账，一举两得，多好的事啊！

从杨光强和赵晓的兼职网赚方式上，我们可以看到，把网赚当作自己的兼职来赚钱是最保险的方式，因为它的投资较少，有时只要有一台能上网的电脑就行，所以人们有时又形象地称它为"免费网赚"。这也就是为什么说网赚是我们工薪族不错的选择，因为我们的工资来得很不易，也不多，如果所做的兼职前期需要很多资金投入的话，就会阻挡一些工薪族加入这项兼职中来。

不过想要利用网赚来为自己增加收入的话，我们还是需要遵守网赚的规定。对于违反规定的，轻者不给支付，重者直接 K 号。所以我们在做网赚兼职的时候，不要因为自己是在网上交易就让自己胡来。如果干了违法的事，会赔掉我们辛辛苦苦依靠正职赚来的钱，何苦呢？

第三节　创业致富，开一家赚钱的公司

下海投资，一定要去自己熟悉的海域

我们下海投资创业也是同样的道理，如果自己不熟悉，不了解一个行业，就贸然进去，可能会像渔民到了自己不熟悉的海域一样"触礁"遇险。所以，为了保证我们的资金安全，有心要下海投资创业的工薪族一定要选择自己熟悉的"海域"。

王革平大学毕业之后就听从父母的安排当了一名教师。但是，对于教师安分守己的生活王革平很不喜欢，干了三年

的教育工作，王革平就不顾众人的反对，毅然下海投资创业。但是，王革平对于自己下海投资创业并没有很清楚的认识，他看到大街上咖啡店特别多，身边的人好像也都挺喜欢喝咖啡的，于是他就投资了一个咖啡厅。

由于自己没有喝咖啡的习惯，也没有经验，自己投资咖啡厅的十几万元一下子都没有了，差不多前功尽弃。这件事让他意识到，一定要做自己熟悉的事，不能看着市场什么热就投资什么。

于是他就选择了自己喜欢的美容业。因为在上大学的时候，他曾经在美容美发店打过工，学习过一些相关方面的知识，而且，这才是他最熟悉的，所以他决定从自己最熟悉的美容业入手。

当时，他所在城市的美容行业极不规范，王革平决心改变这样的局面。从一开始他就坚持做品牌，渐渐在业界赢得了良好的口碑，从小店做起，然后到美容专线，最后还开了自己品牌的美容学校。现在，他的事业还是专于美容行业，也已经成为他们城市美容行业的翘楚，成了人人羡慕的富翁了。

从王革平的经历中，我们可以清楚地看到，下海投资创业确实能够发财，至少比自己给别人打工时赚得多。但是，如果下海投资的是自己不熟悉的行业，我们只会把自己的老本亏光。所以，我们在下海投资的时候，一定要去自己熟悉的海域。在我们即将要开始追求自己事业的时候，一定要问自己熟悉哪个行业。换句话来说，也就是选择自己喜欢的行业来做。

如果有人问我们什么样的工作才能让我们发挥自身的优势，创造出令人羡慕的财富呢？我们肯定会回答是自己最喜欢的工作。因为所有的人都知道，如果工作不开心，我们就会过得很辛苦，自然就很难创造出什么业绩来。创业跟这个也一样，如果不是我们喜欢的行业，我们根本没有向前冲的劲头。那么，如何知道自己现在做的事业是不是自己喜欢的行业呢？想要知道这个答案就问问自己下面几个问题。

（1）是不是感觉一天的工作时间很长，度日如年，总在看表？

（2）工作的时候不想和同事说话，看到同事工作心里就烦躁？

（3）下班以后是不是总有一种悲观的情绪？

（4）是否总感到很烦躁？

如果对于上面几个问题我们的回答都是肯定的，那说明现在的行业不适合我们，我们需要另行发掘。像王革平也是先干了一个自己不熟悉的行业，失败之后才找到自己喜欢的行业来做的。我们不要怕走弯路，只要能够找到自己喜欢的行业，大发其财就行。

选好项目再出发

有些人看到同事辞职之后自己创业，赚了一点小钱，自己也就心痒难耐，匆匆辞职加入创业的行列。由于自己对创业这件事没有成熟的思考，只是盲目跟风，只求快速创业，这样难免会失败。要知道，创业不是一件小事情，不能凭着一时的爱好和冲动就去创业。过于草率、盲目地创业，企业就不可能走得更快、更稳，甚至有的企业还会半路夭折。

曾昭毅中专毕业之后就到广东打工，由于没有工作经历，又没有足够的资金能够让他慢慢挑选工作，本着尽快赚钱的念头，他进了一家塑料厂工作，每个月只有700元工资。后来，公司内部要招一名业务员，他觉得当业务员的工资会高一点，就报名参加了。很顺利，他得到了这个业务员的工作，没想到一年之后，公司因为经营不好，倒闭了。他失业了，但是，这个时候他已经存下了一点钱，又看到身边那么多做生意的人也很有钱，于是就产生了创业的念头。

由于没有接触过其他行业，他创业还是选择塑料这个行业。他自己做一些塑料贸易方面的生意，但是做了不到半年油价就开始上涨，造成经费的紧张，他没能坚持下来。为了生存，他又去了一家保险公司上班。但是，在那里上班没几个月，他又辞职了，觉得还是创业比较好。为了让自己尽快赚到钱，他经人介绍去拜访了一位跑江湖的人为师，学习去市场卖胶水摆地毯，做了两个月赚到一点钱。但是他觉得这样赚钱太慢，又开始改行在超市租地方销售产品，由于自己没有经营好，把原先赚来的钱都亏光了。这个时候，曾昭毅不得不再次去给别人打工……

从曾昭毅创业和打工的经历中，我们可以看到，他反反复复都没有成功，最主要的是他根本不了解自己适合干什么，对于自己的创业也是心血来潮，根本没有规划，也没有想想自己适合做什么项目就盲目下海，这样难免会"触礁"。

我们如果想要结束给别人打工的日子，依靠创业给自己创富，就要先选好了项目再出发。一个人没有做事的目标就会像热锅上的蚂蚁，团团转也不知道出路在何方。一句英国谚语说得好："对一艘盲目航行的船来说，任何方向的风都是逆风。"如果我们没有选好项目，就盲目创业，就跟盲目航行的船一样，不知该往哪个方向前进。我们只有选好项目，让自己有一个明确的方向之后，才能够让自己在创业的道路上前进。

要知道，方向是一切行动的依据，在任何领域中，成功人士最重要的个性就是要有明确的方向。明确的方向能使我们看清使命，抓住重点，把握现在，使重点从过程转到结果，因此选好项目是我们创业走向成功的首要前提。没有项目，我们的热忱便无的放矢，无处归依。有项目，有目标，才有斗志，才能开发我们的潜能。我们不能像曾昭毅一样，犹如无头苍蝇到处乱撞，这样是不可能给我们撞出一个出口的。

中国创业招商网曾经做过统计，结果发现，90%的人曾经有过创业冲动，其中60%的人会付诸实施，但是其中仅有10%的人会成功。至于为什么那么多人的创业都失败了，中国创业招商网的调查结果显示：98%的失败者是因为没有选准合适的项目。这告诉我们，想要通过创业成功致富，就必须要选好项目再出发。俗话说得好"万事开头难"，选择了一个好的项目，就成功了一半。那么，我们如何才能够选到好的项目，让自己创业致富的道路顺顺利利呢？

1. 选择具有独特资源优势的项目

俗话说，靠山吃山，靠水吃水。我们如果能够独具慧眼，发掘自己身边特有的资源进行投资开发，往往都会成功，因为资源的独特性，我们没有竞争对手。当然，开发这种独特资源的项目要跟自己的经验、兴趣、特长有关；否则，我们也没办法把这个项目经营得有声有色。

2. 选择有市场需求的项目

我们可以在创业之前，做好市场调研，针对某个特定消费群体，知其所好，投其所好，乘"需"而入，占领市场。

3. 选择朝阳行业的项目

产品的市场支持力、市场容量及自身接受能力对创业者来讲至关重要，而夕阳行业的产品市场已经饱和，我们很难在那个领域推陈出新。而朝阳行业本身有很多领域还待人开发，我们如果能够多进行市场考察，还是能够发现一些角落没有被人发觉。

总之，我们创业的时候不能空谈自己的理想、自己的目标，要一步一步地做，也不要盲目冲动，要选好了项目再出发，让自己避开陷阱，稳中求胜，早日达成致富的目标。

创业资金少，合理分配收益多

创业，资金是必不可少的一个环节，不管我们的创业资金是自己挣来的，还是跟别人借来的，想必数量都不会多到让我们任意挥霍的地步。很多人就是因为资金的问题，把自己挡在了创业致富的大门之外。其实，创业不怕资金少，怕的是不懂得合理地分配资金。在创业的过程中合理地分配资金，不但有助于我们的创业顺利进行，而且收益也会增多。

许多人在创业之初并没有考虑到流动资金的重要性，在没有足够的流动资金的前提下就贸然创业。殊不知，很多人在创业后经营不是很顺利的时候，需要坚守一段时日时，就因为没有充足的流动资金而不得不提前关门。所以，面对我们少得可怜的创业资金，我们要从一开始就做好分配安排，让有限的资金能够得到合理的分配，以让自己的事业能够顺利开展。

　　林梅和杜宪在大学的时候是一对好朋友，他们在大学毕业之后一起应聘到了同一家公司上班。两年之后，他们都有了一定的积蓄，便相约一起去创业，但是林梅因为种种原因需要回家乡发展，两人便分道扬镳，各自创业去了。

　　他们都打算拿出五万元自己尝试创业，从小本生意做起。两个人认为用这些资金开一个服装店比较合适。说干就干，他们都开始着手准备了自己的创业工作。杜宪先去市场做调查，先找好进货的商家，然后再去寻找店址。找到店面之后，跟房东商量好了租金是5000元/月，付三押一。一切商妥之后，杜宪并没有急着跟房东签约，他先去进了一批货，把营业证照都办理完之后，再请装潢公司设计好装潢图纸，一切准备就绪才跟房东签约。一签好约他就立马通知装潢公司进行装修，只用两天的工夫，他的店就装好了。第三天就已经开业了，先是一个人忙着店里的工作，边买边寻找导购。整体算下来，他的创业资金是按如下内容进行分配的。

　　1. 房租5000/月，付三押一，20000元

　　2. 装修费5000元

　　3. 第一次采购衣服货款20000元

　　4. 其他费用1000元

5. 余下 4000 做流动资金使用

而林梅也是一个行动派，她回到家之后，立马就租了一个门店，一下子就跟房东签了一年的租约，仅租金就付了 48000 元，手头的资金一下子就紧张了起来。为了不让门店空置，她又投进了 20000 元去进货。由于资金紧张，她没有对门店进行装修就草草开业了，而且一次就雇了两名导购小姐。虽然她们都很努力地工作，第一个月还是没有多少利润，月底支付了员工的工资，林梅的资金就所剩无几了。后来，又因经营不善，她只能关门了。

两个人同样打算用五万元进行创业，可以说创业的资金都不多。杜宪由于事先对创业资金做了很好的盘算，有了很合理的分配，即使最后开业之后，自己还能够有 4000 元的流动资金使用，让自己的服装店保持一个良好的运转状态。而林梅却一股脑儿把大部分的创业资金砸在房租上，以致自己不得不临时增加 2 万元的创业资金。而最后还是因为自己对资金的分配不当而导致生意失败。从他们两个人的创业经历中，我们可以清楚地看到，对创业资金的分配不同，其创业的结果也就不同。如果我们想要顺利创业，让自己获得更多的收益，我们就要学会合理分配那有限的创业资金。那么，我们该如何合理分配有限的创业资金呢？

1. 从试营业开始

通过自己的营销方式，先从小开始做，这样在创业过程中就不会出现因资金短缺而造成创业损失的现象，在不断成功的营销收获中，就可以得到或多或少的资金，时间一长，我们就可以积累到自己需要的一笔资金，到时候就可以放开手脚去大干一场。

2. 珍惜手上的现金

为了避免发生资金周转困难的现象，最好是珍惜手上的现金，尽量保存，以防发生不测。对于创业的场所与设备，能够租房的就租，设备能够租到的就不要花钱去买，也不要急着找员工，到需要人手时再招。创业时一定要考虑到在开始一段时间很可能没有生意，所以要珍惜手上的现金。

3. 不花大钱去做宣传

在创业的过程中，宣传是最重要的一个环节，然而宣传也是最花钱却不能马上见效的一个步骤，所以在创业初期，不要花大量的钱去宣传，只要宣传到位即可，不要影响到创业的资金流动。

总之，一定要给自己留出足够的流动资金，以应对一切不在计划之内的事情发生。这也是为了让自己的事业顺利经营下去，早日收回成本，走上净赚的道路。

跳过创业的八大陷阱

现在是一个人人都想创富的时代，到处都是商机，而有商机的地方必然又存在着危机。所以，在我们不满足以蜗牛般的速度致富而想通过创业大踏步致富的时候，就要睁大眼睛，千万要提防致富中的"温柔陷阱"。

那么，在创业致富的过程中又有哪些陷阱等着我们？我们又该如何避开这些陷阱呢？有专家总结了社会上创业受骗的案例，总结出了创业会遇到的八大陷阱。如果我们想要成功创业致富，我们就要跳过以下这八大陷阱。

1. 诈骗陷阱

创业最重要的就是资金问题，特别是我们工薪族进行创业。由于创业资金都是自己辛苦打工赚来的，原本就不多，如果在创业前期突然看到一个特别容易融资的对象，就会欣喜若狂，失去了警戒心，从而掉进了诈骗陷阱中。

在大多数人的认知中，融资就是别人把钱给自己，这样的事情不会遇到骗子，因此就有了麻痹思想。其实，诈骗者远比人们想象得高明，他们利用创业者等米下锅又急于求成的心态，先是夸口公司规模、专业程度以取得创业者的信任，然后对融资项目大加赞赏，让创业者觉得遇上了"贵人"，最后借考察项目名义骗取考察费、公关费等，收费后就销声匿迹。因此，对于想要创业的工薪族来说，如果资金短缺需要融资的话，一定要找一家正规的投资公司。

2. 加盟陷阱

如今，不少加盟总部用加盟费用少、资金门槛低来吸引加盟者，而这样优越的加盟条件对想要创业的工薪族具有强大的吸引力。一般加盟总部除了加盟费用少，还会有技术支持之类的优惠条件，这对广大工薪族来说就像有人领着自己创业一样。但是投资金额低并不意味着风险小，有时可能更蕴含着风险。所以，如果想要通过加盟别人的系统来创业，一定要调查清楚了再做决定，千万不要在没有调查研究之前，就草率地缴纳加盟费或者定金。

3. 创业的前景总是光明的

大多数的工薪族在决定创业的时候都会满腔热情，总是相信自己创业的前景一定是光明的，从而失去了危机意识。

其实现在社会上流行的东西变化很快，如果我们没有跟上时代的潮流，误把已经即将过时的东西当成潮流，那无疑会给我们的创业带来很大的危机。其实，每个行业都有市场周期的危机，所以我们在选择行业的时候需要谨慎考察。

4. 找员工易如反掌

很多工薪族都经历过找工作的辛苦，这样的经历很容易让他们形成这样的看法："三条腿的蛤蟆不好找，两条腿的人有的是。"有了这样的心理，就不会珍惜自己的员工，从来不给培训的时间，只想着让员工们加班加点工作，榨干之后再换新的，这样的做法只会让自己的创业走上失败的道路。

5. 将事业建立在假设上

为了鼓舞自己的信心和实现自己的理想，我们经常以假设为前提，假设自己的创业几年可以盈利，假设每个团队成员都很努力，假设自己投入多少成本，等等，经常以偶然、可能等思维来思考自己创业的前景问题。这样让自己的创业一直活在假设之中，忽略了现实中的种种问题和困难，而当自己不得不面对这些问题和困境的时候，因为自己没有提前准备而束手无策，让自己的事业在艰苦中行走。

6. 在员工面前充专家

以致富为目的的创业，迷惑了很多工薪族的眼睛，这些人为了盈利，不管对自己想要创业的对象了解多少，只要看到有赚钱的可能就毫不犹豫地选择。之后为了在员工面前树立权威，即使自己对创业的对象的专业知识了解得很少，也要在员工面前充专家。这样会将自己的创业带上歧途。

7. 轻易承诺

创业的时候，因为大家普遍热情高涨，激动兴奋，所以常常会随便给别人承诺一些东西，造成后期沟通和信息交流的困惑。很多人就是因为给自己创业的团队成员开出了良好的承诺，但是当后来企业遭遇问题，而又到了要兑现承诺的时候，却因资金和政策问题，无法实现，造成大量的骨干流失。

8. 创意好就有前途

在很多人眼中，想要成功创业就必须有一个很好的创意，只要创意好就能够有很好的前途。

这就让好多工薪族因为别人的创意好而跟人一起合伙创业，结果无疾而终。其实创业中重要的不是创意。好创意并不稀缺，稀缺的是团队的执行力。创意仅仅是商品，只有执行力才是事业成功的基础。

第三章
保值：管理收入，积累财富本金

第一节　工资低就要多节约，控制不必要的支出

为何早出晚归却囊中羞涩

很多工薪族每天西装革履，在繁忙的都市中穿梭，在高楼大厦中忙碌，每天早出晚归，但是在年底盘点自己账户的时候，里面的钱却少得可怜，有的甚至都没有钱回家过年。为什么我们这样早出晚归地勤劳工作，自己的囊中却是如此地羞涩呢？

薛静茹是一家大型外企的资深员工，平日工作十分繁忙，采购、发货、订机票、收发快递、维修、卫生、安全维护等琐碎事情一律由她负责，而她本人也很热心工作，每天都是

早出晚归。她每个月的工资是 7000 元左右，年终有 1 万元奖金，公司另配有三险一金。虽然收入不低，而且薛静茹已经工作三年了，但现在她的存款账户上只有少得可怜的 3 万元。她既没买房也没有买车，那么，她的钱都到哪里去了呢？

原来薛静茹是一个非常爱美的姑娘，身上的服装饰品没有一样不是社会上最新流行的。她每个月除了房租 1000 元、基本生活费用 1500 元之外，剩下的钱几乎都花在化妆品、服装、娱乐等方面，而一个月 7000 多元的工资竟让她觉得不够花，以至总是拼死拼活地工作。

薛静茹虽然每天早出晚归地忙着自己工作上的事，但是因为她是一个爱美的姑娘，又喜欢跟随潮流，每个月辛苦赚来的钱都被她花费在打扮和娱乐上面，自己一点都没有理财的念头。这样，赚的都不够花的，干得再多，一个月的工资再高，她都不会有钱能够存下来。

事实上，薛静茹只是现在新兴庞大的"穷忙族"中的典型一员。她的这种情况，在很多的年轻工薪族中，特别是那些单身的工薪族中是普遍存在的现象。他们大多是人生目标不明确，财务状况比较差。即使他们每天辛辛苦苦地、拼死拼活地为了赚钱而工作，但是到头来自己却一分钱都没法存下来，而自己辛苦赚来的血汗钱莫名其妙地就全都不见了。

有不少人认为，像这样的穷忙一族大多是刚刚走出校门的青年人。由于阅历低、经验不足，他们暂时得不到高职位和高薪水，因此不得不在"穷"和"忙"中徘徊。然而，不少拥有高薪和社会地位的"白领阶层"甚至是"金领阶层"，也认为自己是"穷忙族"的一员。据一项调查结果显示，75%的网友自认是"穷忙族"，其中不乏收入适中的工薪阶层，甚至月薪过万元的白领。从中我们可以看到，即使我们的收入再高，如果我们不懂得管理自己的收入，那么我们仍然没法得到能够用于"钱生钱"的财富种子。

其实我们每个人都不想自己陷入"穷忙"的状态，但是我们总是在不知不觉之中就走进了这样一个陷阱：自己轻轻松松就能够找到一份能让自己衣食无忧的好差事，既然赚钱如此轻松，自己花一点点也是没有关系的。在买了一张新餐桌之后，却发现自己之前的餐盘和刀具不配套，于是换掉；接下来是长沙发，越看越觉得和优雅别致的餐桌不搭调，于是再换掉；然后没过多久，就又发现自己之前的旧地毯根本就配不上新沙发……就这样循环反复，辛苦赚来的钱就都花在这些东西上面了。

有人说，"穷忙一族"产生的原因其实是个人欲望的膨胀。人在没钱的时候买个二手手机就是他最大的心愿，在月薪 1500 元时就想买个电脑，等到工资 3000 元时就盘算着买台高档 IBM。薪水增加的同时个人期望也在上升，于是不断地为达成心愿而忙碌、奔波。

这话一点都不假，很多工薪族对管理自己的收入一点概念都没有，随着收入的不断增高，欲望也水涨船高，他们早已经深陷魔幻世界的梦魇而难以自拔。宙斯惩罚西绪弗斯的方式，就是让他不断把巨石推上山，而每当接近山顶，巨石就会滚回山脚。像他们这样不会管理自己的收入，恣意消费的习惯也让很多工薪族面对着同样残酷的恶性循环。每当债务快还清的时候，他们就会忍不住给自己一点奖励。这就让负债的"西绪弗斯"巨石越滚越大，最终把他们推入永不见天日的深谷。

我们要学着管理自己的收入，不要让自己总是处在"穷忙一族"的队伍中，白白耗尽自己的精力却留不下一点积蓄。

要想致富，就要先学会怎样花钱

对于我们大多数的工薪族来说，钱的含义就等同于工作，有工作就有机会得到钱，没有工作就等于没钱。但是我们也知道，一个人的精力是非常有限的，我们不可能让自己无止境地工作下去，一天24小时，总得休息六七个小时，而且，从事的工作不同，所得到的金钱也不一样。当然，谁都喜欢从事高回报的工作，但在现实生活中，并不是谁想干什么工作就能够干什么工作的。在这种种条件的限制下，我们能够赚到的钱非常有限，而要想利用这有限的工资来致富，那就需要我们先学会怎样花钱了。

何心蕾研究生毕业之后就在一家合资企业上班，工资也不低，但是她真的很爱花钱，花钱也没有计划，每个月的工资都花光，是一个实实在在的"月光族"，她喜欢淘宝，喜欢名牌，喜欢毫无计划地花钱，所有的钱基本都花在衣服和电子产品上面，从淘宝上买衣服，一买就是一堆，很多衣服才穿过一次便扔到箱底，有的甚至完全没有穿过。有时她的男朋友也会劝她，不需要的东西就不用买了，可是何心蕾反驳说："我自己挣钱自己花，你没资格教训我。"话虽然是这样说，但是何心蕾却经常在网上买书，每次都是十几本，几百元钱，把书寄到她男朋友的单位，货到付款，都由她男朋友买单。就这样，即使何心蕾已经工作三年了，她还是没有一分积蓄。

她的男朋友因为家里的生意在2011年的时候破产了，就一直想靠自己工作致富起来，给家里的父母减减压力。但是他一年的收入也只有十几万元，平时节约一点，年底也可以存个10万元的。为了挣钱，他经常加班；为了省钱，他有时都舍不得打出租车。但是交了何心蕾这样的女朋友，让他致富的目标一直难以实现，有时他很苦恼。从他们身上我们可以看出，即使我们赚再多的钱，如果总是像何心蕾那样无所顾忌地乱花钱，那么我们赚多少钱都是不够花的。

如果我们在花钱的时候非常爽快，就很容易会搭上"月光族"这辆快速车，到了月中，就得逼迫自己当"石头"，哪里也不能去，哪里也动不了，真的逼急了，就开始刷卡，要不就开始跟家人要钱。这样，一旦自己没有了工作，我们就只能等着喝西北风了。所以，为了自己的生活不要像过山车一样忽高忽低地变换，为了让自己早日走进富人的队伍，我们有必要学会如何花钱。

那么，我们应该如何花钱才能够有助于我们的致富目标呢？

首先，我们需要养成一种"负责任"的消费习惯。像何心蕾那样买了衣服又不穿的行为，是一种非常浪费金钱又很不负责任的消费行为。而当我们需要买东西的时候，如果看到自己中意的东西售价"仅仅"为 10 元时，我们也要问问自己，为了赚到这 10 元，自己是不是愿意到超市去拖地板，或者去捡一毛钱一个的空瓶子。如果答案是否定的，那么我们就不要去买那个东西。

其次，我们需要懂得量入为出。如果我们一个月收人才 2000 多元，却花了 1/4 的薪水买了一支口红；如果我们的薪水只有 2000 多元，但是，却花了 5000 多元买了一台相机。这样的消费必然会导致薪水不够花，而且还会让自己背上债务。

其实，如果我们懂得财富来得不容易，也许我们就会懂得珍惜财富，就不会毫无目的地花钱了。然而，生活中的很多工薪族，虽然没有腰缠万贯，更没有富得流油，但是花钱却毫无节制。殊不知，一点一滴的浪费都会演变成一种奢侈、浪费的习惯，纵使有再多的金钱，也抵挡不住无节制的花费。为了让自己的日子更好过一些，为了打造出财富人生，我们都需要学习节制消费、节约日常开支的做法，这样才能让自己的财富之路越走越宽。

没有急事少带现金不带卡

每个工薪族的工资都是有限的，而市场上琳琅满目的商品，总是让人控制不住地想要一一买回去。但是，如果放任自己的购物欲望，自己就没法积累到财富的种子，就会把自己的工资花个精光，这对于理财来说一点好处都没有。

这个道理其实大多数的工薪族都很理解，但是对于购物的欲望，很多人是难以控制的。就像2006年《购物狂》这部影片中的人物一样，对于购物自己一点控制力都没有。

国际学校幼儿园教师带着不同国籍的学生到购物商场进行活动教学，但是到达商场之后，她看到了自己喜欢的东西，购物欲顿时失控，扔下一班稚龄学生便忘我地购物去了，结果学生四处分散，有些还丢了，为此，她还惹上了官司。

但是，这件事情并没有给她带来多大的教训，她虽然被官司缠身却仍然不忘购物，为出庭应讯而买新衣服，连法官都觉得她的购物成瘾的状态需要去看看精神科医生。但是就连精神科医生小凤都是一个天生购物狂，更属于"殿堂级"，买回来的东西多得要用货仓来储存，这样的人怎么会觉得幼儿教师的购物瘾是一种心理疾病呢？

从《购物狂》这部影片的情节中，我们可以看到，有些人对于购物就是没有抵抗力，他们只要身上有钱，甚至借钱都要买到自己想要的东西。很多专家都觉得这种无法控制自己购买欲望的举动是一种病态的表现。有专家如是说："当人无法控制自己的消费欲望，而是进入一种购物上瘾、强迫自己消费的状态时，这就不仅仅是一种过度消费了，而是一种病态购物症，在国外被广泛定义为'强迫性购物行为'。从心理学上来说，属于强迫症的一种，需要接受一定的指引和治疗。这种病态购物症和过度消费的行为是需要根据专业的精神鉴定分类来对症下药。"从这位专家的话中我们不难理解：购物狂和过度消费是有区别的，购物狂买的不仅仅是商品而是一种情绪。

在这个压力过大的社会中，很多人都会觉得购物是排解压力的一种形式，这种现象在很多女性白领中最为明显。但是如果恋上了这种感觉，那就不仅仅是过度消费、浪费金钱的理财范畴的问题了，而是有关心理的问题了，这就需要我们及早控制自己，不让自己走上这样一条病态的消费道路，也免去自己浪费金钱的行为，为自己节省好不容易赚来的钱。那么,应该如何控制住自己呢？先看看王一婷是怎么做的吧。

王一婷大学毕业之后就回成都发展,进入一家国企上班。虽然工资不是很高，但是因为工作很清闲，她也就养成了经常逛街的习惯。每次逛街，她都会大包小包地往家里拎东西，以致她的那点少得可怜的工资总是在不知不觉之中消耗殆尽。

刚开始工作的时候，对于她的这种做法，家里也没有说什么，但是随着年龄的不断增大，家里开始担忧她的未来生活，要求她学习理财，为以后的生活多做打算，至少也得把自己的嫁妆准备出来。王一婷想想也是道理，但是她总是控制不住自己，经常出去逛街的时候跟自己说只是看看，但是回家的时候又是一堆东西。对于她这种没有自制力的人，妈妈给她出了一个主意：以后不要在身上放太多的现金，一百块钱就够了，所有的银行卡都放在家里，不要放在钱包中。王一婷就按妈妈的说法去做，没想到效果还真不错。

有一次她和同事去逛街，一路从王府井到西武到仁和春天，最后在新中心买了一对发圈。那一次她觉得自己非常成功，一整天下来都没有乱买东西。她说："不过回想起来，我还差点就损失惨重了，中途在西武试了一对耳环，很可爱，当下就很喜欢，于是问了一下价格和打折的情况，然后找了些借口走开了，走了十来步我就发了一句感叹：'还好今天没有带卡出门！'"原来那天她就按照妈妈的说法去做，只带了100元在身上，什么卡都没有带，而买了发圈之后身上的钱就不够买耳环了。如果她带了信用卡，凭着她对那对耳环的喜爱程度，肯定控制不住刷卡购买的。

从王一婷的经历中，我们可以看到，身上带少许现金，不带任何银行卡，这也是一种控制自己购物欲望的方式，也是一种帮我们节省工资的方法。因为自己身上带的现金不多，又没有银行卡在身上，即使自己非常想要某些东西，也只能因为自己的钱不够而作罢。虽然这样会给自己的生活带来不便，但是也不失为一种省钱的好方法。

如果我们对自己的购物欲望无法控制，觉得自己自制力不是很好的话，就可以利用这种方法，没有急事的时候，绝不在身上多放现金，把所有的银行卡都放在家里。这样就可以帮助我们控制住一些不必要的支出，为我们的理财出一点力量。

用长远的眼光看待每一项支出

事无巨细，把事情尽可能做到具体，做到细处，这是好事。然而，在理财时就不能总是在小环节中转悠，只盯着眼前的小节省小成效，也不能把理财的最终目标放在"顾好眼前，过好现在"上面。

理财的重点就是要把眼光放长远，多把未来的一些元素考虑进去，不仅要理现在的财，更要"预理"未来的财。如果现在没有打算把未来的财理进去，那么，到了未来我们也将没大财可理，得不到大的收益，名下的资产也永远都只是"顾得住眼前"而已。这是从大的一方面来说，往小了说，我们也需要用长远的眼光看待自己的每一项支出。

　　高静楠和何木川同在一家设计公司工作，美国的《室内设计》这本月刊杂志被他们捧为经典。虽然价钱高得离谱，仅一本就需要220元，但是他们还是会经受不住诱惑，乖乖地掏钱去购买。

　　有一天，来了一个推广杂志的业务员，预定杂志的话有优惠，刚好也有那一本杂志，本来一年需要2600，一次性付款的话，可以便宜200元！一听到这个消息，高静楠就毫不犹豫地掏钱预定了一年的杂志。

　　何木川虽然也知道一次性买全年的会打折，一年的支出为2400元。但是，何木川认为这并不是固定支出，考虑只在想看的时候再买，所以虽然有那200元的优惠，何木川也没有觉得便宜多少，所以没有参加那次的预定活动。高静楠为此很是不解，认为何木川很不会过日子，一点都不懂得节约生活成本。

　　我们来看看高静楠和何木川这两个人的做法，何木川果真像高静楠所说的那样不懂节约生活成本吗？预定一年的杂志，一次性付款，一下子就可以省下200元，这是明明白白摆在我们面前的事情。这对于那些每期都要买这本杂志的人来说，一次性支付当然是最聪明的选择。但是何木川本人并不是每期都要买的，而是考虑只在想看的时候再买。那么，何木川买杂志的支出为"220乘以必要的次数"。即使何木川一年买6本，支出也就是220元×6=1320元。两者相去甚远。从中我们可以看到，提前一次性预定杂志乍一看可能是又方便又赚。可是，因为连不需要的时候也要支付金钱，对我们来说则是一种浪费。所以，对于这一次的支出来说，何木川的决定是非常正确的。

从中我们也可以看出，对于每一次的支出，我们都要用长远的眼光去看待，不要只看眼前，而要考虑一下一年之后，甚至十年之后这笔支出对我们生活的影响。例如，现在很多工薪族都手拿两部手机，而且大部分都是3G手机，而现在3G手机套餐最低也是46元，这样一部手机一个月最基本的费用就要支出46元，一年就是552元，十年就是5520元，两部手机十年就是11040元。虽然现在我们觉得46元不是多少钱，但是我们往长远一点看，那也不是一笔小数目啊！所以，我们在看待一项支出的时候，不要只是以月为单位，而是应该在更长的时间范围来评判这项支出。

我们也知道，在我们进行财富积累的过程中，必须坚持这样一项原则：需要花出去的钱一定不要吝啬，而不需要花的钱一分也不要浪费，这样才可能把我们赚到的钱在我们"钱生钱"的过程中发挥出最大的效用。而要做到确保自己不浪费一分钱的话，我们就要尽可能地用长远的眼光看待自己的每一项支出，即使是 10 元钱的支出也不放过。只消费生活必需的"消费"，减少"浪费"，并用这些钱进行投资，坚持下去，我们就会和以前的自己完全不一样。虽然没必要和别人进行比较，但和别人比较的话，差距会很明显。越是坚持下去，越能收获巨大的果实。

第二节　薪水族开源更要节流，合理开支靠预算

把预算放在理财的第一步

"预算"这个词给人感觉不是很好，因为它很不幸地总被大家看作既乏味又耗时，还要处处限制人的一种东西。无可否认，有很多人不喜欢做预算，尤其是年轻的工薪族们，而且预算似乎确实意味着在消费时不得不做的许多重大妥协。然而，尽管一些小小的妥协是无可避免的，预算事实上

非但一点也不乏味，还具有根本性的意义。一个精明的预算是迈向理财成功之路的关键性的第一步，没有它，就无法洞悉钱的来源和去路，所以，我们应该把预算放在理财的第一步。

　　王静燕是一个单身白领，在一家公司里当会计。因为职业的习惯，她对自己生活中的资金也都是提前做好预算。就拿她的 2011 年的年终奖 1 万元来说。她拿到这笔钱的时候，并没有像其他同事那样兴高采烈地去商场里买自己心仪已久的衣服、箱包或者笔记本、手机，拿到这笔钱之后，先细细地做起了预算。正好有个春节长假来临，她就打算把自己的年终奖花掉，而且要花得有意义有价值。

　　王静燕一直想去云南旅游，她正好可以利用春节长假，拿着这 1 万元的年终奖去云南旅游一次。因为她有一个好朋友在丽江工作，所以她就把目的地定在丽江，这样她可以在好朋友那里借住，以节省住宿的费用。而且因为提前准备，还可以买到比较便宜的机票，所以，她在车费加上食宿费上安排了 3000 元，这样她还有 7000 元。

　　因为想要让自己这 1 万元的年终奖花得有意义，所以她就想在云南找一个失学的儿童帮助他重返校园。为了让孩子各方面的资料都能够备齐，她决定拿出2000元资助他上学，然后在新的一年里，每个学期都资助他的学费，这样，她还剩下5000元。

那么这5000元应该怎么安排呢？王静燕在心里还打起了小算盘，云南有那么多有特色的东西，如衣服、饰品，如果她能带些回来，卖给身边的同事和朋友，那么不仅可以旅游，说不定还能小赚一笔。所以，她就决定用5000元买具有云南民族特色的衣服和饰品，回来之后可以加至少20%的价钱卖出去，这样她至少可以赚1000元。

于是，按照预算，王静燕的云南之行过得非常高兴，而她从云南带回来的衣服和饰品很受同事与朋友们的欢迎，有的甚至以高出原价一倍的价格卖出去了，所以她又有了一笔不小的收益。

因为王静燕做了年终奖的预算，所以她的年终奖花得都非常有价值，并没有跟大多数的工薪族一样随随便便就拿去犒赏自己了。她用这笔钱圆了自己云南行的梦想，也让自己实现了帮助一位失学儿童返校的美好愿望，更让自己小发了一笔财。可以说她的云南之行，连3000元都花不到，多经济实惠啊！如果我们在平时的日常生活中，也都先做好预算的话，我们也就能够控制好自己的支出消费，让自己的消费更加合理。那么，我们应该如何做好预算呢？

想要做好预算，我们可以先计算公共支出、固定支出、季节性支出，再计算平均变动支出，并以此预测每月或每年的必要支出。通常，一个人的支出水平在短期内不会有大幅度的变化，所以预测支出的计算每年只做一两次就可以了。新的一年开始的时候，要对自己的生活进行预算，像有些大的花费，如购房、购买大件家具、电器，送孩子上大学、旅行，等等，这些都需要比较大数目的钱。另外，还要考虑储蓄、投资等。

一般来说，工薪族的公共支出部分是已经固定的，每月在发工资之前，这些支出由公司按政府规定的比率代扣，所以很容易预测每个月支出了多少。可以说，我们工薪族可以不用费心这部分的预算。固定支出指的是每月（或定期）必须在指定的日子交纳的费用，这个费用基本没有什么变化，所以也很容易预测每月的支出是多少。而在日常生活中，变动比较大的支出是我们的日常饮食、偶尔外出吃饭的费用、服装费、交通费、娱乐费用等。这些主要用于生活费的支出，和公共支出或固定支出不同，根据每月的开销情况，变化的幅度会大一些。因此，根据个人的消费倾向或生活环境，可以很容易预测每月所需的支出是多少。换句话说，这项支出可以根据个人的意志稍做调整。

可以说，有了这个预算，也就可以控制我们的冲动性的即兴购物，不让自己陷入不自觉的消费扩张，甚至可以避免进一步动用循环利息。有了预算，不但可以因此而得到满足感，更可以证明自己能持之以恒地储蓄而获得成就感，逐渐摆脱"月光族"的命运，为未来的人生计划多做些储备。

"花在哪儿"比"花了多少"更重要

有些工薪族虽然也是每个月都在做自己个人的财务预算，但是他们只是囫囵吞枣，仅仅计划自己接下来的一个月能够花多少钱，并没有细化到自己哪方面可以花多少钱，这样的预算常常会让他们超支。其实，不管是在预算的过程中还是在实施的过程中，"花在哪儿"远远要比"花了多少"重要得多。

预算一般包括固定开支和非固定开支两部分。固定开支即日常生活中必需的、数目基本不变、无法省略的费用，主要包括每月还贷、饮食、水电、煤气、电话（手机）、上网费、有线电视等费用；非固定开支是弹性比较大、可多可少的支出项目，如服装、生活日用品、报刊、理发美容、医疗药品、娱乐休闲及人情消费等。而如果我们在做预算的时候就分门别类地来计划，那么就可以分配我们在生活中的各个方面的比例，就能够搞清楚钱应该花在哪些方面。

参加工作之后，洋洋每月的生活费比上学时翻了一番，而且这些钱都是自己赚来的，可是一到月尾她总要打电话向家里要钱。她爸爸问她把钱花在哪儿了，她总是说不出个所以然来。反正钱就是这样不知不觉地全没了，要让她具体说出那些钱都花在什么地方，确实是非常困难的事情。平时逛逛商场，看到那些时髦的衣服、酷酷的电子产品，不买又觉得可惜，钱就不知不觉花出去了。每当被爸爸逼问的时候，她也觉得非常苦恼，也尝试努力去改掉这些坏习惯，但是效果一直不大。

其实如果洋洋能够在每个月拿到工资之后，就分门别类地做一个花钱的计划，先做好自己的节流预算，这样在她花钱的时候，就能够把自己花的每一笔钱归到自己预算中的各种类型中。这样，即使超支向家里要钱的时候，被爸爸问起"钱都花在哪儿"，她也能够做到心知肚明。

其实，很多时候我们在掏钱时，如果先问问自己这些钱是花在什么地方的，甚至让自己区别一下这钱是消费，还是浪费，或者是投资，这样做对我们的节流是非常有好处的。当我们这样问自己的时候，当我们归类为浪费的时候，我们就会思考这笔钱是不是应该花，能不能不花？也许，在刚开始时我们不能立即做出判断，但是如果我们在做预算的时候，就分门别类地进行了计划，那么经过一段时间的"耳濡目染"之后，我们就能够条件反射一样地立即知道自己支付的款项属于哪一类。这是一个重要的习惯，它可以让大脑和身体都牢记金钱的作用和使用方法。

要想让自己随时都很清楚自己在什么项目上消费，最好是将自己的花销都变成可视化的效果，这就需要动用到我们前面介绍的记账了。在把握金钱的流向和收支方面，记账非常有效果。而且，我们要非常重视支出这一栏，尽量把这一栏按照预算的分类来细化，然后把各个项目归入"消费""浪费"和"投资"这三个范畴中。每掏出一笔钱我们就按部就班地记录下来，这样，我们自己的钱到底都花在什么地方，自己也就能够一目了然、清清楚楚了。

当然，我们并不需要为了记账而去市场花高价购买那些设计精美的记账本，我们可以自己做个记账本子，可以在电脑中直接用 Excel 来做，或者是用自己的手机一笔一笔地记下来。其实现在市场上有很多记账软件是可以在手机中使用的，而且可以自己编辑其中的类别，这样我们自己想分为几个类项就分为几个类项，而用手机记账既可以省去购买记账本的资金，也方便使用。

比起小气地节约 1 元的支出，不如更注意金钱的流向及运用模式。应重视的不是支出的金额，而是各类支出在支出总计中的比例。如果想让自己的生活变得更美好，唯一的方法就是要持续，每个月都有意识地努力去改变。

根据财务目标和财务现状设定财务预算

作为工薪族，我们都知道每个企业在运作之前都会有成本核算，其实我们自己的理财也是一样，也需要提前做好预算。只有运筹帷幄，是亏是盈心中才能有底。算了用与用了算的结果会完全不一样，用了再来算的结果往往是超支，破坏平衡；算了再用的结果就有可能使资金得到合理安排，收支平衡，统筹兼顾。所以我们一定要养成提前做预算的习惯。

王景阳刚参加工作没多久，但是他在大学期间就已经交了一个女朋友，他们原本打算一毕业就举办婚礼的，可是由于女方家长的要求，必须要有房子能够安家了再结婚。所以，王景阳并不像那些刚参加工作的年轻人那样大手大脚地花钱，他为了买房，从一开始工作就走上了理财之路。

王景阳每个月的工资是 4500 元，为了更好地分配收入提高资金运用效率，王景阳每个月都要提前做好预算。他在领到工资后将其分成几个部分，首先是强制储蓄的 3000 元雷打不动，其余的根据不同需要分成大小不等的几笔款项。早午晚餐支出 700 元单列，50 元作为送女朋友礼物的资金预存，上下班交通支出 120 元，电话网络费用 400 元，230 元作为机动费用，可用于带女朋友游玩的费用，也可以作为剩余款项转入下个月。

因为有了这个预算，同时王景阳也是个自控能力非常强的人，工作一年之后，他就能够以首付 4 万元买了一套房子，之后就开始努力攒结婚的费用了。

从上面的例子我们可以看到，要买房结婚的这个目标，促使了王景阳在每个月领到工资的时候都要做好自己的财务预算，而这份财务预算也让他如愿在工作一年之后就买到了自己的房子，为自己的婚礼提供了一个前提条件，让自己向美好的生活迈出了非常重要的一步。这让我们更加清楚地体会到提前做好财务预算对我们来说是多么重要。那么，我们该如何来制定自己的财务预算呢？我们可以根据自己的财务目标和财务现状来制定自己的预算。

王景阳为了能够尽快买房子，为了这个目标，他每个月强制自己储蓄 3000 元。我们每个人都有一些生活愿景，都有自己想要实现的生活目标。我们可以看看要实现的生活目标需要多少钱，这些钱的数目就是我们的财务目标。有了这个财务目标我们就可以再根据自己的财务现状来安排自己每个月的工资了。

而要了解自己的财务现状，就要算清自己可支配的稳定收入。作为工薪族，大部分的人都是按月拿薪水的，这样我们就很清楚自己的财务现状如何。如果自己的月工资拿得多，我们就可以考虑多存一点钱或者是多拿出一些钱去进行投资，让自己可以更早一点实现自己的生活目标。而如果我们不是按月拿薪水的话，我们可以考虑将自己全年预计收入除以 12，再根据这个数额来做财务预算。

不过，生活中总会有一些意想不到的事情发生，万一生一场病就有可能把我们所有的预算都打乱，所以在我们的预算中还必须设置一个紧急备用基金，以备不时之需。另外，还要有专款预算，如孩子的教育费预算，购买房子的预算。总之，在做预算的时候，根据自己的财务目标和财务现状来设定，还要考虑到生活中方方面面的问题，不要太过于理想化。

金字塔预算理财法

在2004年北京国际投资理财博览会暨投资理财论坛上，理财专家向大家介绍了金字塔的理财模式，我们也可以根据这个理财模式设立自己的理财预算，这样就成了我们所说的金字塔预算理财法。

金字塔，想必大家都不陌生，一般的金字塔基座为正三角形或正方形，也可能是其他的正多边形，侧面由多个三角形或梯形的平面相接而成，顶部面积非常小，甚至呈尖顶状，像一个金字，总之就是下粗上尖的一个造型。我们的金字塔预算理财法也就是取它的造型来命名的。那么，什么是金字塔预算理财法呢？

所谓的金字塔预算理财法，就是根据自己的财务目标和财务现状将自己的资产投资按照风险等级进行排序预算，依次是"风险转移和备用金""低风险低收益""中等风险中等收益"以及"高风险高收益"，也就是说我们要在做好防御的基础上才能够利用那些高回报而又具有高风险的投资预算，具体来说就是我们在做预算的时候，要以储蓄、债券等低风险、稳健型资产为"塔基"，"塔身"则以银行理财产品等增值类产品为主，"塔尖"则是小部分资产投资股票、基金、非保本理财产品等高风险产品。这样的预算是非常稳健的，以高、中、低不同风险的投资比例组合来指导我们的投资行为，可实现我们个人的资产保值和增值。

王竟成在一家外贸公司上班，月工资8000元，但是因为自己没有很好的理财习惯，认为自己工资也比较高，所以就养成了挥霍的习惯。虽然工作多年，但是并没有多少存款。

有一次，因为他的妈妈出了车祸，急需资金救命，王竞成一时拿不出来那么多的钱，但是又好面子，就用信用卡预支了2万元拿回家里救急。所幸他的妈妈没事，但是他却欠了银行的债务。

为了不让自己支付更多的利息，他从家里回到工作所在的城市之后，就找朋友借钱还了信用卡的债务，然后自己每个月都要拿出工资的70%来还朋友的债务。这样一来，他一个月也就只能花2000多元。为了让自己的生活过得相对好一点，面对这可怜的2000多元，他开始逼自己学习做预算，开始进行理财。

四五个月之后，他的债务还清了，不过他也习惯了2000多元一个月的生活，于是他开始盘算着让自己攒点钱。所以，他每个月领到薪水的那一天，都要强迫自己去银行把工资的70%存起来。

这样存了一年之后，他就已经有了7万元左右的存款了，而且也意识到单单存钱利息太低了，还要交利息税。后来，在银行理财师的指导下，他又把自己的预算结构做了调整，只存储自己工资的60%，然后在做预算的时候，计划拿出工资的10%来购买一点重大疾病和养老保险。后来他开始研究股票，于是又把自己的预算结构调整了一下，除去自己生活必需的 2400 元的资金，剩余工资的 40% 用来储蓄，30%投资实业，20% 买股票和债券，10% 买保险。这样一来，他的生活渐渐地过得有声有色了。

从王竟成预算结构不断调整的过程中，我们可以看到，金字塔预算理财法就是根据金字塔的形状，底部很宽，中间略宽，顶部最小，把资金作出相应的划分。按照王竟成的划分方法，就是除去自己生活的所需，剩下的工资收入的 40%用来储蓄，30% 用来投资实业，20% 用来购买股票和债券，10% 用来购买保险，这样的安排让王竟成退可守，进可攻。

为了我们的资产安全，为了形成退可守、进可攻的良好局面，我们也有必要学会金字塔预算理财法。当然，我们没有必要一定按照王竟成的预算结构来做我们的预算安排。据有关专家介绍，最好的划分比例是 60% 守卫、30% 防御、10% 进攻，这只是一个参考的比例值，我们在做预算的时候，一定要根据自己财务的实际情况来科学安排。

第三节　都是辛苦钱，每一分都要用在刀刃上

训练自己变身"用钱达人"

元元最近要搬家，在整理屋子时，居然找出了八件基本没穿过的时装，和九个基本没用过的漂亮包包，还有七双只穿过两三次的鞋，有的鞋连商标都还在。这些东西被遗忘在衣橱角落的时间之久远，元元自己都很惊讶，她根本记不起自己到底何时买了这些东西，就更不用说使用它们了。

其实这些东西大多是元元逛商场时经不起店员甜言蜜语的劝说一时冲动买下的，有时是受不了商家打折的诱惑，还有时是自己看走了眼……买回来之后，她却发现这些物品没有什么用武之地，所以只好将它们"打入冷宫"，后来渐渐遗忘了。虽然现在扔掉这些物品元元觉得确实可惜，不过为了减少搬家的负担和麻烦，也只好忍痛割爱了。

如果我们想生活过得舒适、健康，那么我们就不得不管好我们的钱袋子，使我们的钱财花得合理。如果我们没有计划，没有节制地去花钱，即使我们有金山银山，也不够我们

挥霍，更何况我们没有呢？所以，我们要训练自己变身"用钱达人"。

工薪族的收入是非常有限的，辛辛苦苦一个月，得到的也不过几千块，但许多人消费起来却没有节制，看到喜欢的东西就买，而不考虑自己是否真的需要，于是出现了众多"月光族"。他们时常因为没钱花而愁苦不已。如果我们想不再"月光"，就得开始自己的理财之路，量力而行、全面安排、精打细算、讲求实效，克服消费的盲目性、随意性和狭隘性，克服爱慕虚荣、摆阔、攀比和超前消费的毛病。那么如何才能不再傻傻地花钱，变身"用钱达人"呢？

1. 不能一味地贪图名牌

名牌通常代表高质量、高品位，穿在身上也会使人对你刮目相看。如果我们为了追求产品的质量而购买一些名牌是可取的，但是如果我们一味地追求名牌，全身穿的都是名牌，借此来炫耀阔绰或追求名牌带来的其他什么效应，以求得到心理上的满足，而不顾个人消费能力，那就是非常的不理智了。

2. 控制贪求廉价的心理

我们很多人遇到价格低廉的商品，不管自己需不需要，先买了再说，追求购买时的一时心理满足，贪一时之便宜，结果花了很多钱却没得到什么好处。

另外，现实生活中，常见到这样一种现象：许多人，特别是一些青年白领，在买东西的时候，仅凭自己的一时冲动，想买什么就买什么，兴致勃勃，充分享受了购物的乐趣，但是买回家后，就后悔了，不是嫌价钱贵，就是感到质量不好，或者根本就不适用。

3. 不要过度消费

我们当中有很多人贪图一时的享受，而不顾自己承不承担得起，疯狂消费，结果却是使自己陷入极大的困境之中。之所以会产生那些消费陋习，是因为我们不清楚自己需要什么，只是根据自己的兴趣而消费，导致消费过度。所以，我们在消费的时候，要有针对性，知道自己需要什么，制订购物计划，不要超出预算，即使遇到自己很想买的东西也不要买。

白领江婷喜欢看时尚杂志，但书报亭里各色杂志琳琅满目，价格不菲，一个月买下几本就是一笔不小的开支。于是，江婷找来志同道合的姐妹们，每人买一本，大家轮流看，不仅省钱，还有了谈论的话题，增进了感情。最近，江婷又与不同的朋友拼起了美容卡、健身卡。办一张卡要几千元，两三个人"拼卡"轮流使用，省了钱，又让这些卡"物尽其用"。

如果自己实在想要某样东西，我们也可以约上志同道合的朋友一起合购或者一起拼购，像江婷一样约上姐妹们一起购买，然后大家互相分享，这样，大家都可以享受到少花钱、多享受的消费机会。

小思是一名年轻主妇，由于家庭日常生活都由她来支配，所以大到大宗电器，小到生活用品，她都会办理会员卡进行积分，而且能刷卡则刷卡，这样信用卡也有相当多的积分。年终，所有商家都有会员回馈活动，小思的积分往往都能帮她换回理想的东西，很划算。

真是强中更有强中手，生活中的智慧无处不在啊，原来还有比拼购更厉害的，就是不带钱的裸购。当前，为了聚拢消费者，商家越来越重视对会员的维护，年底的优惠活动更是层出不穷，辛苦付出一年的消费者也别客气啦，赶紧看看自己的积分能换点什么礼物吧！

最关键的是我们要有自己的主见，不随波逐流，盲目地模仿别人，听别人说什么就是什么，别人流行什么我们就必须得跟着买什么。我们既要清楚自己的实际情况，也要拥有自己的鉴别能力。

有很多时候，我们并没有购物计划，但是我们看到某种商品的广告或者进行促销时，就蠢蠢欲动，这样就打乱了我们的购物计划。所以我们在购物之前，一定要想想自己需不需要，如果不需要，或者可要可不要，即使别人疯狂抢购，我们也不要盲目跟风，不能因为一时冲动而购物。

要知道，生活需要金钱，幸福也需要一定的金钱作为基础。只有我们买"需要"的东西，控制好我们的消费欲望，让我们的钱花得合理，我们才有可能过上幸福的日子。会用钱的人，一般来说，会比身边的人更有"福气"！

拒绝债务和消费的诱惑，夯实基础资产

现在社会上提供的消费产品越来越丰富，可以消费的机会越来越多，即使足不出户，也可以买到各种各样的物品，而且，即使自己没有钱，只要拥有信用卡，照样可以先买东西后付钱，甚至价格高的商品还可以分期付款。在这样种种便利的消费条件下，如果我们控制不住自己，不管自己一个

月赚多少钱，估计都不够花销。所以，如果想为以后的生活多多储备资金的话，现在就要拒绝债务和消费的诱惑，夯实基础资产。

王景阳大学毕业之后，顺利应聘到一家私企工作，月薪3000元。入职之后，他在办理工资卡的时候顺便也办了一张信用卡。后来，在一次陪朋友去买手机的过程中，他也相中了一款手机。

在大学的时候，很多同学都已经拥有了手机，而他因为没有钱，就只有羡慕的份。现在，自己已经开始赚钱了，确实应该拥有一部手机了。可是自己相中的手机标价就是3000元，这对刚刚参加工作的他来说实在太贵了。正在他犹豫期间，他的朋友走了过来，说："你不是有信用卡吗？先用信用卡支付，等月底发工资的时候再还回去不就行了。"他一想，也是，于是就采用了信用卡支付的形式买下了那款心仪的手机。

没过几天，一纸账单送到了王景阳的手上，看着3000元的账单，王景阳很是发愁，凭借其目前的工资水平，想要偿还一次3000元的账单简直是痴人说梦。面对还款日期的逼近，算了一笔账之后，他还是决定四处借钱偿还这笔账单。他说，虽然目前他只透支了 3000 元，但是按照发卡银行的标准，即使交了最低还款额 200 元，仍然会产生每天万分之五的利息，也就意味着他每天要交 1.5 元的利息，等到下个月发工资的时候，30 天就是 45 元，白白支付这些利息太不值得了。

王景阳一个月的工资才 3000 元，他经受不住手机的诱惑，用信用卡满足了自己的欲望，但是当自己看到账单的时候又犯了愁。确实，一个月自己只能赚 3000 元，而单单债务就有 3000 元，如果都用来还债的话，自己的吃喝怎么办？但是如果不把债务还清，又会产生新的利息，这样利滚利就会让自己辛苦赚来的钱莫名其妙地消失不见。王景阳这一次消费可以说是非常不合理的，我们要从他的身上吸取教训，拒绝债务和消费的诱惑，让自己辛苦赚来的钱都花在刀刃上。

我们不能赚多少就花多少，要注意夯实自己的基础资产，这样我们才能在自己突然失业的时候，或者是突发疾病与事故急需要钱的时候不至于束手无策，而要做到这一点自然需要我们远离债务和过度消费、提前消费。

现在我们的工资几乎都是直接发入工资卡中，这就让很多工薪族养成了这样一种习惯：工资发到卡里从来不管，当自己需要用钱的时候，再从工资卡里支取。或者是把工资卡跟自己的信用卡关联起来，自己只用信用卡消费，到时工资卡会自动还款。这样的习惯对于夯实基础资产一点帮助都没有，因为这样的习惯会让自己赚钱的目的发生质的改变。这样做的话，工资再也不是为了美好的未来而创造资产的手段，而是变成还债的贷款存折。如果那样的话，我们就会把未来的收入也搭上，从此以后被钱牵着鼻子走。这就需要我们学会理财，不让工资就那样闲躺在自己的工资卡中。

那么，我们该如何对待自己的工资和工资卡呢？我们可以按照自己的预算把自己一个月的生活用度留在自己的工资卡里面，取消工资卡关联的信用卡的自动还款的服务项目，这样每个月的信用卡消费都需要自己亲自去办理还款业务，一个月花了多少钱，自己也能够一清二楚。然后把多余的钱取出来办理定存，直到自己能够拥有三五万元之后再进行其他的钱生钱的投资工作。这样就能够确保自己拥有一定的基础资产，让自己的生活无后顾之忧。

莫让消费变成遗憾，远离消费陷阱

在我们的身边，有些同事总是在领工资的那一天就呼朋引伴地去逛街购物。当天下来，很多人都会大包小包地往家里拎东西。一开始的时候都是兴高采烈，兴致勃勃，但是，一回到家中检查自己的购物成果的时候，就会发现很多东西都很不适合自己，感到很后悔，觉得自己花出去的钱很不值得。其实这也是一种浪费钱的行为，想想看，自己买的东西自己不喜欢或者是自己根本用不了，那么这样的钱不是白白浪费掉是什么呢？所以，如果我们想要理财，就要让自己远离消费陷阱。

王志灵在一个企业的市场开发部工作，因为工作的需要，王志灵养成了没事就逛逛大街的习惯。不过她有一个致命的弱点，那就是在她逛大街的时候，不管是在工作期间还是假期，只要看到有商家挥泪大甩卖的促销活动，她就会克制不了自己的购物欲望，总是会放开手脚让自己疯狂购买一番。但是，每次这样的大肆购物之后，王志灵才会发现自己购买的都是一些没什么用处的东西，大多时候，这些东西都会被闲置在家里。

这样的事情王志灵也知道不好，总是提醒自己不要那么冲动，总是发誓以后只购买自己家里需要的东西，管它打不打折呢！为此，她还特地请教了自己的妈妈。妈妈让她在出去购物之前给自己列一个购物清单，然后按自己清单上所列的物品进行购物，这样就不会乱买一些不需要的东西回家了。有了这个秘诀，王志灵又信心满满地逛街去了。刚好一周之后就是元旦了，为了能够让自己在元旦过得更加舒心，她早早地便准备到大型商场购置一些过节用品。当然，这次在去商场之前，她就按照妈妈教给自己的秘诀，为自己列出了一个购物清单，在上面标注了自己需要且想要购买的物品，她想这一次自己可以理性购物了。

然而，王志灵到了商场之后，发现那里到处都是降价优惠的商品。她大致看了那里的商品之后，认为那些打折的商品好像都是自己所需要的，即使现在用不上，以后一定也可以用到。于是，她便将事先列好的购物清单抛于脑后，开始了乐此不疲的选购行动。在导购人员花言巧语地介绍及各类广告的不断驱动下，她最终超额完成了购物任务。然而，当她拿着自己的战利品高兴地回到家后，却发现自己真正需要的物品没有买，买来的东西大多都是用不上的。此时，自己已经将一个月的开销全部花掉了，再想去购置那些需要的物品却没有钱了。

王志灵的致命弱点就是在她逛街或者购物的时候，只要看到有降价或者打折优惠促销商品的时候，自己就会控制不住把这些降价的商品买回去，心里总是想着，即使现在用不着，以后也会用到的。就在这样的心理驱动之下，连妈妈教给她的事前列出购物清单方法都没有用，而自己买回去的东西她也知道没用。别看她都是在商品低价的时候买进的，但是对于自己来说买回去的东西又用不着，这其实也是一种浪费钱的行为。

其实对于打折促销的商品，很多人都拒绝不了，也都会跟王志灵一样想着，反正以后会用得到。而在商品琳琅满目的今天，商家总是能够找到各种各样促销的借口，如果我们不能控制自己，总是走进商家为我们设好的消费陷阱里面去，那么，我们不管赚多少钱，都很难有闲置的资金供我们进行投资生财。

要知道，盲目而又冲动的消费不仅不会给自己带来快乐与幸福，甚至还有可能使自己的个人财政陷入危机，让正常的生活受到严重的影响，也可以说，盲目消费、冲动消费与跟风消费都是人们理财过程中的大忌。它要求人们必须时刻加以警惕，更好地对自己进行控制，从而让自己学会智慧消费，不让自己的消费变成遗憾，远离消费陷阱。

第四节　赚银行的钱是工薪族的必修课

别让工资卡沉睡

思雨是典型的"张江女"（指聚集在上海张江高科技园区，具备理工科背景，工作勤奋，拙于表达，薪水很高，却不太会消费的一群女性），也被朋友们戏称为"水晶凤凰精英女"。跟大多数聚集在上海张江、北京国贸、中关村等地的精英一样，思雨智商很高，工作忙碌，薪水丰厚，却与外界接触甚少，自身几乎成为工作的机器。除了每日的餐费、通信费、交通费之外，思雨几乎没有其他开销，因为疲于应付工作，根本没有时间和精力去理财，不菲的薪金几乎全部沉睡在工资卡里，安全有余，增值却不足。

其实像思雨这样让所有的工资都在工资卡里沉睡的做法是一种无形中让自己的资产亏损的做法。因为几乎所有公司给自己员工的工资卡里发放工资的时候，都是以活期的方式进行发放的，那么，思雨所有的工资在工资卡里的钱就都是以活期的利率来计算。现在活期存款的利率为0.35%，而据媒体公布2012年8月的CPI比同期上涨了2%，这样思雨工资卡里的钱就相当于是负利率，不是亏损是什么？要知道，在通货膨胀时期，不生息的钱就是在贬值，所以，作为工薪族，我们不要偷懒，别让自己的工资卡沉睡。那么我们该如何打理工资卡里的钱，才能够不让自己的工资在工资卡里闲着呢？

1. 活期资金转存定期

定存的利息要比活期的利息高出很多，我们可以把工资卡里的钱转成定期存款。现在各家银行都有自动转存服务，我们完全可以设定零用钱金额、选择定期储蓄比例和期限等，实现资金在活期、定期、通知存款、约定转存等账户间的自主流动，提高理财效率和资金收益率。

2. 基金定投

由于工资卡上每个月都会有一些结余的资金，如果让这些结余资金睡在工资卡里吃活期利息的话，收益及其微小，还不如通过基金定投来强迫自己进行储蓄呢！这个基金定投就是每个月在固定的时间投入固定金额的资金到指定的开放式基金中。这个业务也不需要每个月都跑银行，它只要去银行办理一次性的手续，以后的每一期扣款申购都会自动进行，也是比较省心、省事的业务。虽然钱不多，但是积少成多，聚沙成塔，只要坚持下去，就会像滚雪球一样越滚越大，最后获得丰厚的回报。

3. 开通网银缴费

虽然很多工薪族如今都开通了网上银行，但实际上真正对网上银行"玩"得精熟的人却不多。理财师提醒，网上银行对我们普通的日常费用缴纳也有很大的便捷性，例如水、电、煤气、手机充值等业务的缴纳和充值。使用网上银行的自动缴费功能后，我们不但可以节省去银行、煤气、水电公司等地排队办理手续的时间和精力，同时也可以避免因意外导致拖欠水电费而被扣滞纳金。

4. 存抵贷，用工资卡来还房贷

因为工资卡上都会备有一些闲钱不会用到，而且如果我们有房贷的话，我们完全可以办理一个"存抵贷"的理财手续。现在很多银行都推出了"存抵贷"的业务，办理这项业务之后，工资卡上的资金将按照一定的比例提前还贷，而节省下来的贷款利息就会作为我们的理财收益返回到我们的工资卡上，这样，就可以大大提高我们工资卡里的有限资金的利用率。

5. 轻松购买理财产品

许多银行都开通了"银证通""银基通""银保通"等业务，使用银行卡可以轻松地购买各种理财产品，例如外汇、黄金、保险、基金、国债等。使用银行卡购买新上市的基金等理财产品，还可享受一定幅度的折扣或者较高的收益率，而使用银行卡购买理财产品的最大好处就是省时省力，坐在家里通过电话银行服务或网上银行服务就可以了。

"四分存储法"让活期存款收益更高

如果我们愿意把储蓄当成自己理财的一个手段，那么，我们就应该懂得存款的品种不同，利率也不同。这样，储蓄技巧就显得很重要，它将决定我们能否让自己的储蓄收益达到最佳化。

现在，众所皆知，我们自己的工资都是以活期的方式存进工资卡里的，而现在活期存一年的利率也仅仅是 0.35%，可以说，收益微乎其微。也许有人会想，定期的利率比活期高多了，我们就把自己所有的钱都用来存定期不就可以了吗？这明显不行，如果我们所有的钱都用来存定期的话，我们的生活用度怎么办？

何琳就曾经犯过这样的错误，她存了 10 万元五年期定期，但是第三年，她的儿子要去英国留学，急需 3 万元，何琳只好提前支取定存，结果损失了一大笔利息。

这么看来，我们不能够把所有的钱都存成定期，而且这样做也不太现实。我们总是不可能不用钱的，活期存款的设置就是为了便利我们的日常开支。所以，我们应该将一定量的资金存入活期存折作为日常待用款项，以便日常支取（水电、电话等费用从活期账户中代扣代缴支付最为方便）。对于平常大额款项进出的活期账户，为了让利息生利息，最好每两个月结清一次活期账户，然后再以结清后的本息重新开一本活期存折。不过这样做实在太折腾，而工薪族最没有的就是时间，所以这个做法并不太可取。其实，我们可以利用"四分存储法"，这样也可以让我们的活期存款收益更高一些。

王丽丽是在一个服装厂工作，每个月的工资是 3000 元，一开始她总是将自己的工资放在工资卡里，在生活中随用随取，也很方便。后来看到一个同事利用"四分存储法"为自己攒下了不少钱，她也开始学着用"四分存储法"来处理自己的工资。

每个月拿到工资，王丽丽都要把自己的工资分成四份存进自己的活期账户里，其中的 1000 元是用于自己一个月的日常生活支出，这部分的钱就继续以活期的方式留在活期账户里，然后在活期账户底下开出三个子账户，一个存进900 元的一年定期，一个是存进 600 元的半年定期，最后一个是存进 500 元的三个月定期。这样一来，如果自己预留的1000 元不够自己的生活用度，就动用金额最接近的一张或两张存单。这样就可以让自己的资金尽可能多地获得利息。

现在，很多银行的银行卡都可以设有多个账户，如活期账户和多个不同期限的定期储蓄账户。

有的甚至可以预先在银行柜台上设立一定的资金"触发点"，超过触发点的活期存款，银行系统就会帮我们自动搬家，挪到指定的定期储蓄账户上，能为卡上的现金获得高于活期存款的收益。

这样，我们打理工资卡中的钱的话，也比较方便。当然我们也可以存成更多的存单，但需要较好的存单管理，那些随手弃纸的工薪族最好慎用。

四分存储法适用于在一年之内有用钱预期，但不确定何时使用、一次用多少的小额度闲置资金。

用四分存储法不仅利息会比直接存活期储蓄高很多，而且在用钱的时候也能以最小的损失取出所需的资金。

高效打理定期存款，使利息收入最大化

手中有了多余的钱，可一时还没有想好如何消费，那么不妨先到银行把钱存起来，等以后用时再取出来。这样，既可以保管钱又可以赚点利息，何乐而不为呢？其实，在我们的身边，很多人都是用定存来进行理财的。定存对于我们工薪族来说，几乎是最好的选择。

黄阿姨手边有不少资金，而且她最偏爱定存，手上资金有不少用作外币与人民币定存。虽然这几年人民币定存利率偏低，但她还是非常注重保本，并且也运用外币定存赚取较高利率。不管银行的理财专员怎么招揽，她还是把大部分的资金都放在"定存"上面，因为她认为不管经济局势如何变动，与银行约定好的定存利率绝对不变，绝对保本，能让偏

好保守型投资商品的投资人非常放心。

如今，黄阿姨已经退休，由于她从年轻的时候就非常注重理财，虽然一直只是利用银行里的定存这种方式进行理财，如今她的退休生活过得也是有声有色。因为她只靠银行定存的利息，一个月也有 3000 元的收入。

从黄阿姨的理财经历，我们可以看到，银行定存用得好的话，也是一个不错的理财方式。事实上，中国人最爱"存钱"了，汇丰保险曾经在上海发布一个《汇丰保险亚洲调查报告》。据该报告称，中国的消费者将每月收入的 45% 用于储蓄，高于其他亚洲各主要市场。从中我们可以看到，虽然银行的利率很低，但还是不能冷却我们存钱的热情。其实，只要我们能够活用定存，我们也是绝对可以像黄阿姨那样，收获颇丰的。

在进行定期存款的时候，如果把钱存成一笔存单，一旦利率上调，就会丧失获取高利息的机会。

但是，如果把存单存成短期存单，利息却又太少。既要保证资金的流动性，又希望获取高额利息，那么建议不妨试试阶梯储蓄法。

阶梯储蓄就是先以一、二、三年期的定期方式进行存款，然后把逐年到期的存款连本带息转存成三年期的定期，三年后我们便有了 3 张三年期定期存折。

假如我们持有 6 万元，可分别用两万元开设一个一年期、两年期、三年期的定期存折各一份。

1 年后，我们就可以把到期的两万元一年期存款连本带息转成三年期定期；两年后，可以把到期的两万元两年期存款连本带息转存成三年期定期。这样我们就有了 3 张三年期的存折，而且此后每隔一年就有 1 张存折到期。这样，我们既能应对储蓄利率的调整，又可以获得三年期存款的高利息。

另外，有一种"十二存单法"可以将每个月工资的10%~15%拿来存定存，然后每个月都这么做。

这样，一年就有 12 笔一年期定存，等于第二年开始，每个月都有一笔定存到期。如果手上不缺钱，就可以继续加上新的存款续做定存；缺钱的话也可以直接将到期的钱拿来使用。这样，也有强迫储蓄的效果。尤其，每个月看到一笔定存到期，那种感觉应该是很开心的。

对于普通人而言，重要的不是获得最高的收益，而是获得有保障的收益，通过储蓄实现合理的资产配置比。所以，我们在积累财富的过程中，要充分利用这种连月存储法，让自己的资产配置比达到最优，最大化自己的资金收入。

谨防储蓄中的破财行为

就像世间万物一样，储蓄也有一个度，存少了，不足以规避风险，存多了，赶不上通货膨胀的速度。可以说，在储蓄的过程中，如果处理不当，不仅会使利息受损，甚至有时还会令存款消失。所以一定要谨防储蓄中的破财行为，不要让自己的财富白白流失。

小雨大学毕业之后出来工作已经 5 年了，这 5 年来小雨省吃俭用，在工资卡里存了不少钱。本来她觉得这就是理财了，这就能够为自己留下很多钱了，但是在去年的国庆节上，她听了一个理财的讲座，了解到任由工资在工资卡里躺着也是一种浪费之后，就把工资卡里的 20 万元全都取了出来，存成了一个 5 年期的定期存单。她想：在所有的存款种类中，整存整取的 5 年期利息最高，有 5.5% 的利率，而且又不用那么折腾。

正在小雨做着自己也可以靠钱生钱的美梦的时候，爸爸从家里打来了电话，奶奶生病急需 10 万元做手术，让小雨立马汇钱回家。小雨一想，自己的钱都存到银行了，还得 4

年才到期呢，但是这钱要得那么着急，又没有找到能够一下子借她这么多钱的朋友，没办法，小雨只好到银行取出自己才存了1年的5年期整存整取的存款。银行支付了她201013.89元。小雨觉得很纳闷，自己20万元，已经存了1年了，当时定下的利息是5.5%，怎么现在的利息就这么点？银行的人员告诉她：整存整取的定期存款，如果还没有到期就提前支取的话，是要按活期的利率来计算利息的，所以，小雨的利息就是那些。人家说得有理有据，小雨也只好作罢，赶紧往家里汇款。

如果小雨的钱一直存了5年到期的话，她连本带息应该拿到的是255000元钱，也就是因为她提前支取而损失了超过5万元的利息，这不是一笔小的损失啊！

我国新的《储蓄管理条例》除规定定期储蓄存款逾期支取逾期部分按当日挂牌公告的活期储蓄利率计算利息外，还同时规定定期储蓄存款提前支取，不管时间存了多长也全部按当日挂牌公告的活期储蓄存款利率计算利息，如此就会形成定期储蓄存单未到期，一旦有小量现金使用也得动用大存单，那就会有很大的损失。

虽说目前银行部门可以办理部分提前支取，其余不动的存款还可以按原利率计算利息，但也只允许办理一次。不过，建行自 2011 年 2 月 27 日起，取消整存整取定期存款、个人通知存款部分提前支取只能一次的限制，可部分提前支取多次。提前支取部分将按支取当日挂牌活期存款利率计息，剩余部分到期后仍按原利率计息。

即使这样，未到期提前支取还是会损失一些利息费用，还不如把钱分成小份，存成不同的期限。这样就可以减少提前支取的概率，尽可能地减少损失。

如果小雨当时把这 20 万块钱分开来，一份存为一年期，一份为两年期，一份为三年期……那么，在家里这样亟需用钱的节骨眼儿上刚好有一笔到期，如果刚好还差几天才能到期的，可以先找朋友凑，等过几天了把钱取出来再还给朋友，这样就避免了因为提前支取而损失利息的问题了。

为避免这种不必要的损失，在进行银行定期储蓄存款时，我们可以尽量巧妙安排储蓄存款的金额，比如有 10 万元存款，不妨让存单呈金字塔形排开，可以分存 1 万元、2 万元、3 万元、4 万元各一张。这样一来，无论自己提前支取多少金额，利息损失都会降到最低。

还有一种做法也是不可取的，就是不注意定期储蓄存单的到期日，往往存单已经到期很久了才去银行办理取款手续，殊不知这样一来已经损失了利息，甚至会白白让那些钱打水漂。

定期存款的利率比活期高，很多人都知道。如果定期存款到期后，我们不去银行重新转存定期，那么储蓄存款超期部分银行就会按活期利率计算利息，这样一来，就会损失不少利息收入。如果存款金额更大一些，逾期时间更长的话，利息损失就会更大。

要知道，在银行参加储蓄存款，不同的储种有不同的特点，不同的存期会获得不同的利息，因而如果在选择储蓄理财时不注意合理选择储种，就会使利息受损；而如果在储蓄的过程中有操作不当的地方，也会让自己的财富白白流失掉。我们在银行里储蓄的时候，一定要注意各方面的问题，尽量避免自己的财富流失。

第四章
增值：多方投资，以钱生钱

第一节　用股票杠杆撬动资金最大化

能看准行情，不妨体验炒股

曾经有人研究了日本人在经济低迷 20 年中的理财，能得到的重要经验就是：在大环境不好的情况下，更多的努力并不能换来更高的回报。对于工薪族来说，这种感受尤为强烈。毕竟，工薪族需要凭借自己的能力，接受别人雇用来换取生活费用，这种情况就意味着工薪族多数时候是赚不到太多钱的。相比于自己的老板，显然处于劣势的我们在资本链的下方，对于我们来说，要想致富必须学会理财，而股票是我们进行理财的不错选择。

杨怀定，人称"杨百万""中国第一股民"，原上海铁合金厂职工。在众多炒股大军中，杨百万算是资格比较老的一位。在没有进入证券市场之前，杨怀定的工资很低，每月只有六十几块钱，但是每年订一百份报纸，通过读报独自研究股市。作为中国最早的股民之一，早在18年前，当人们还纷纷渴望当万元户的时候，只有初中文化的杨百万就已经通过证券市场成为百万富翁了。人们称他为"炒股大王""中国股市第一人""股神"，境外媒体甚至把他和巴菲特、索罗斯相比。

杨怀定原本也是一名普通的工人，只是后来通过投资股票，让自己变成了百万富翁。其实，在我们的身边，也有不少人像杨怀定一样选择投资股票来进行理财。

在股市里投资赚钱其实是很简单的，简单到可以用一句话来概括：对于长期投资来说，我们就选择那种有发展前景，并且存在强大护城河的中小型企业的股票，等它成长为大型公司后卖出。具体到股票投资的细节中，需要抓住股票行情进行买卖操作。

根据股票整体走势的不同，股票可以分为牛市行情、熊市行情、牛熊转换行情。中国股市经过了十多年的风风雨雨，已有了它的自身规律。如果从大行情的角度分析，一般是牛市一年至一年半时间，而熊市却要维持三年左右。不像在美国做多做空都能挣钱，中国股市受政策和资金的影响很大，只有资金推动股市才能上涨。一位经常通过股票进行理财的"老工薪"颇有感慨地说："许多人之所以失败就是因为没看准行情。"

一般来说，要在交易热闹的时候进场，这样我们才有机会获得短期的差价收益。这是对短线操作来说的，如果我们要进行长线投资的话，就不可以采取这样的做法。因为每当交易热闹的时候，股价一般都处在高位，这个时候进场建仓，我们就要花更多的成本。所以，如果我们要进行长线投资，最好是在交易清淡的时候才进场。当然，并不是所有的清淡时候都是进场的好时机，只有在淡季的尾声才是进场的好时机，这样我们就可以享受到股价由低变高而得来的差价收益。

在全球经济一体化的今天，我们不能仅仅从旺季和淡季来判断进入股市的机会，应该多研究一下全球经济形势，多做一些股票理财上的调整，在股票的宏观行情上进行把握。在未来几年，财富很难再像过去30年一样高速增长，但我们至少要学会保护自己的财富，安全度过这个席卷全球的大萧条。

其实看准行情是处理很多事情的必要方法。如果我们连事情本身的情况都没了解，那又怎么去处理这件事情呢？所谓"知己知彼，百战不殆"，先做到胸有成竹、心里有底是十分必要的。

总之，我们在投资的时候，不仅要了解自己，还要充分了解自己的投资。如果我们不了解股市，看不准股市的行情而盲目地跟着大家买入或卖出的话，我们面临损失的概率就会非常大。我们要学会观察、分析研究股市，从复杂的股票表象里，发现其本质的变化，找到规律，抓住当前的股市行情。

如果我们还是一个新手，就要从一开始有意识地训练自己多看，多研究市场行情，让自己在以后的投资过程中能够顺利地抓准投资的行情，让自己赚得更多一点。

当股票非买不可，请用 10% 投资选股法

对于投资理财，大部分的富翁和成功人士都表示：股票是个不错的选择。所以，我们如果也想通过投资理财来改善自己的资产状态的话，也可以尝试一下股票投资。如果我们

选择股票投资来生财的话，可以尝试用"10% 投资选股法"来帮助我们进行股票投资。

"10% 投资选股法"又称哈奇计划法（Harch Plan Method）、10% 转换法或赚 10% 法，属于趋势投资计划，但仅适用于短期股价趋势。它是以发明人哈奇的名字命名的股票投资方法。"10% 投资选股法"的操作要点可归结为两点。

（1）涨则跟进，以赚差价，在上涨行情中任何一点买入都是正确的，除了最高点；跌则撤出，以减免损失，在下跌行情中，任何一点卖出都是正确的，除了最低点。

（2）追涨杀跌只适用于变化幅度较大的趋势，而不适合于日常的振荡，因此，以 10% 的变动幅度来滤除日常振荡引导的投资地位的改变。10% 只是一个经验数值，它应当由市场实际及投资人选择的趋势的长短来调整。

哈奇实施这种方法不做卖空交易，在实行此种计划的 53 年中，先后改变了 44 次地位，所持股票的期限，最短的为 3 个月，最长的为 6 年。哈奇在 1882~1936 年的 54 年中，利用这个计划，将其资产由 10 万美元提高到 1440 万美元。这个计划，直到哈奇逝世后，才被伦敦金融新闻公布。

哈奇计划法的优点是判断简单，且注意了股价的长期运动趋势，可供投资者进行长线投资选用。在采用这种方法中，投资者还可根据股类的不同，改变转换的幅度，增加这种具有机械性的投资方法的灵活性。这对于那些对未来风险缺乏预估的工薪族理财者来说，是一种不错的选择。

把 10% 作为标准，进行投资选股买卖，本月平均数较上月的最高点下降了 10%，则卖出全部股票，不再购买，一直到出卖股票的平均数由最低点回升 10% 时，再行购买。

詹女士是一家会计师事务所的职员，由于专业的原因，她很早就有了理财的观念。2004 年上半年，她用网上的证券分析系统看好一只叫"晨鸣纸业"的股票，说这只股票在大盘下跌时，其跌幅低于大盘，但大盘上涨时，其涨幅却高于大盘。于是她倾其所有，果断建仓。

此后，这只股票果然稳步攀升，三个月的时间涨幅就达到 10%。这时，证券分析系统显示这只股票刚刚开始进入上升通道，潜力很大，但詹女士果断卖出。然后，把这笔钱存成了半年期定期储蓄。此后这只股票稳步增长，至今已经涨了 20%，但她不后悔，说能挣到 10% 就相当不错了，见好就收嘛，贪得无厌是理财的大忌，不能好了伤疤忘了疼。

当别人问起今年依靠什么来实现10%，她充满了信心："券商集合理财推广力度越来越大，下一步我要靠参加集合理财来实现10%的收益。"用她的话说，指望"一条路走到黑"很难实现较高收益，必须打一枪换一个地方。

没有一条路会永远是直的，也没有一种价格会永远上涨，有高潮必然会有低谷。道理虽简单，但多数人从骨子里愿意相信，明天会比今天好。当股票的收益达到10%高点的时候，需要有一种见好就收的心态，在股票连续下跌10%的时候，可以有选择性地进场买入。

如果是投资，只要以后回报好，现在就不存在贵不贵的问题；如果是消费，只要以后贬值，现在再便宜也是亏损的。但是针对股票这种风险性偏大的投资理财方式而言，在买进个股时，务必要保持理智冷静。虽然长期来看你不可能打败指数，但还是有可能在个别时段幸运获利。在股票非买不可的时候，10%的投资选股方式不失为一种很好的选择。

赚多少才算够：股市止损止盈之道

在资本市场上，股价是群体心理对价值的认知相互博弈、对冲的结果。由于博弈的力量时常发生变化，价格围绕价值持续波动，价值等于价格是很偶然的事情，价格偏离价值却是经常的事情，但价格高于价值也有一个度，否则就会酿成泡沫并等待破裂。

现代资本市场将价格在某时点或位置上的转化起了个动态的名字，叫作"拐点"，而提前预测寻找出股价"拐点"的时间与位置，准确地在"拐点"进出，便是工薪族理财者的梦想。但是在实际操作中，却很难实行。不少工薪族在进行股票投资时，眼看股票下跌却等了再等，结果越跌越惨；也有不少工薪层在股市获利时，内心获利欲望不断扩张，希望永无止境地盈利，不断将股价推高。

李强是一个普通蓝领技术工人，在一家钢铁公司做着朝九晚五的工作，钱不多，但是足够一家三口的生活。看见理财风起，李强意识到自己也需要把自己的钱好好打理一下。几经选择，他将目光投到了股票上，很快在股市3000点时入市。

之后股市一路上扬，从3100，到3200、3300……转眼间就到了3400，他投入的资金不多，但已经盈利足足1万元。妻子让他卖出，说家里换台液晶电视1万元足够了。他不干，于是看着股市一路涨到4000，这下有4万元的盈利了，妻子又说让他转手，可以买辆QQ车了。他还是要等等，在股市突破6000大关时，他的盈利一下飙升到了10万元。

妻子已经有些害怕了，让他赶紧出手，可是李强还想再等等，说到7000时就撒手。结果，股市从6000跌回5000，一路下滑到4000、3000、2800，结果李强一分钱没赚到反而赔了2万元，家里电视没换，车子没买，李强后悔当初没听妻子的劝告。

股神巴菲特曾说过，"当许多人贪婪时，你要恐惧，当许多人恐惧时，你要贪婪"。在股市走牛时，若保持着这样的心态，那么赚钱是必然的。如果在股市行情一片大好之时，考虑收手，此时卖股票非常容易。即使后面的市场还在上涨，卖掉可能让投资者损失一小部分利益，但卖掉后所获的收益已经实实在在拿在手上了，就不要再想看得见摸不着的那部分了，万一市场突变，那就真如镜花水月，转眼就没了利润还赔了本。

像李强这样的炒股工薪族大有人在，就是不能把握好度，在赚钱时还想着赚得更多，在赔钱时又想转亏为盈。在股市，谁都不能准确地预测到下一步会怎么样，因此，为自己设立一个盈亏点是很必要的。虽然看着赚了 10 万元，可如果没有立即变现，那就不过是个数字而已，股市是很残酷的，投资者一时的贪婪往往会让自己赔了夫人又折兵。

投资者最好在准备炒股前，就给自己设立一个心目中的盈亏点，当股价达到心中的盈亏点时，就果断抛出。炒股的人可能都经历过，看着一涨再涨的走势，总想再等等，等到更高的点就出手，往往在快到达期望的高点时，股市就急转而下了，而在股市大跌之时，总期望能够起死回生，想着能够转亏为盈，可是越等就赔得越多。这样的贪念，是炒股最忌讳的，往往投资者就是不能够克服自己的这项弱点，在亏了本之后才后悔莫及。

众多工薪族在学习炒股时，就被传授了"股市莫贪，见好就收，不好就卖"的警句。买对了股票，并不意味着一定可以赚钱，何时卖掉股票才是决定赚钱与亏本的重要因素。俗话说，会买是银，会卖是金。如果投资者买了好的股票，却没选择好的时机卖出去，可能就收益甚微，留下诸多遗憾。

在设立止损和止盈点时，工薪族应当保持一颗平常心，钱是赚不完的，合理避险，保住本金和赚到手的钱才是真理，总是有很多投资机会的，不能抱着让自己一夜暴富的心态去炒股，那只会被股市套牢。

"股市被套"的解穴要诀

曾经，有一首名为《套牢三宝》的民谣在社会上广为流传："咱家的钱到底去哪里啦？套啦！我怎么割也割不了它？套得牢啊！……咱家的钱还能拿回来吗？等下辈子吧！"这首民谣道出了众多被套股民无奈的心声。

如果说在股市中，学会下套才真正学会了狩猎，那么学会解套才真正学会了炒股。在股市并不景气的今天，学会解套无疑成为投身股市的工薪族的必备技术。

很多新入市的投资者惨遭"套牢之苦"，一些没有来得及果断离场的老股民也陷入深深的悔不当初。股市就是这样，永远在锯齿结构中前进，亏损、盈利、亏损、盈利……被套是一种常见的状态，甚至是深度被套也是常事。即使是巴菲特和索罗斯，都曾经在市场中遭遇过无数次套牢。

其实被套并不可怕，亏损也并不可怕，关键是大家要有足够的处理经验和技巧，还有就是面对亏损的良好心态。具有了这些知识和好的心态，我们就具备了反败为胜的可能。

张彪是一位资深股民，虽然并非专业人士，并且只是在工作之余炒股理财，但凭借良好的解套技术，他在朋友圈中有"解套王"之称。

多年的股市摸爬滚打，让他获得不少宝贵经验，其中"炒股不仅要学会赚钱，更要学会自保"就是他一直恪守的炒股金律，而通过补仓的技巧来解套，也就成了他自保的手段。

张彪向朋友透露了他的补仓秘诀——戒贪戒躁、把握时机。补仓无外乎两种情况，一种是股票情势大好，另外一种则是股票套牢，前一种情况没什么好说的，而如果是第二种情况，那就应该解套之后立马落袋为安，而不要存有侥幸心理，贪一时之利，延误解套良机。而戒躁，补仓解套一定要在股票跌出了一定空间后进行，如果个股成本降低不明显，那就没有补仓的必要。

"戒贪戒躁、把握时机"成了张彪多年来在股市容身的秘密武器，依靠这个，他成功地多次解套。但是这只是解套的一个方面，还有没有其他可以用来解套的独特秘诀呢？下面就是一些简单易懂的股市解套要诀。

1. "捂"字诀

靠捂解套的方法适用于买入价位较低、适合长线投资的股票。优点是无须增量资金、无操作难度；缺点是消极被动，资金的机会成本太高，会错失许多投资机会，如非优质股可能终生不得解套。因此操作时一定要注意，捂绩优不捂绩差。

2. "换"字诀

换股适用于基本面趋弱或无资金关照的股票，其优点是不受原被套股票的束缚，能有效控制风险；缺点是换股失误会赔了夫人又折兵，增加新的风险。换股一定要注意股票的质地和价位，换优不换劣，换低不换高，换强不换弱，换入的股票一定要有资金面支撑。换股不等于卖出后要立即买入，应在走强时再行介入，以避免再次套牢。

3. "匀"字诀

"匀"主要是指摊平股价，以求解套。如某日以 18.2 元的价格杀入万科，后万科跌至 16 元左右，如果在此时再杀进同样股数，成本价就摊平至 17.1 元，这样要涨回去比以前就容易多了。

该法适用于仓位较轻的投资者，优点是容易掌握，操作得法时解套较快；缺点是在下跌形态中摊平会放大风险。使用该法一定把握好摊平时机，即已深套、指数见底或个股走强、股价创新低且有止跌迹象，股价在底部区域，股票有投机或投资价值。

4. "止"字诀

"止"是指止损解套。投资者如果能在 4000 点高位回落时及时止损，并于低位回补解套的机会是很多的。这个方法适用于追涨、投机性买入和股价在高位的股票，对满仓深套的人尤其适用，优点是解套效率高，常常能一步解套，缺点是有一定的做空风险。操作时一定要果断，不要错过止损的机会，另外要避免在低位操作，要设置回补，即发现股价跌不下去时，要及时回补，以免踏空。

5. "粘"字诀

"粘"的意思是指利用板块轮动的特点，粘住市场热点，集中资金各个击破。该法适用于平衡市且套得较深的股票，优点是能明显缩短解套时间，缺点是在牛市中不太适用。操作时必须在上升通道中低吸高抛，当股市处于弱势时，由于获利比较困难，不宜进行操作。

解套招数要说出来并不难，但真正实施起来不容易，很多工薪族并不真正了解股市，无法判断买卖时点，更多的时候是误打误撞，解套操作也很不得法。另外，不是所有投资股市的工薪族心理承受能力都会一样，因此不同的工薪族投资者应该选择不同的解套方法。

第二节　工薪族投"基"莫投机

别把基金当股票炒

对于大部分的工薪族投资者来说，一遇到基金行情震荡，就开始惊慌失措，纷纷赎回自己手中的基金。遇跌就赎回，遇涨再买入，这是大部分工薪族基金投资者的投资思路。但是，从根本上讲，这种频繁操作的手法，是由于工薪族投资者对基金的特点认识不够，而错误地把基金当成股票来炒，造成了这种频繁的申购赎回。其实，基金是一个适合中长期投资的理财工具，并不适合这样频繁地进行短线操作，因为这样频繁的短线操作非但不能给我们带来额外的投资收益，相反地还会给我们带来无穷无尽的手续费。

基金既然是一种中长期的投资工具，因此就需要我们耐心地持有，不要因为一时的涨跌而频繁进行赎回和申购，这样的赎回和申购。表面上看起来是挣钱了，但是我们却付出了大笔的手续费，而且这种手续费都比股票交易要高得多，并且基金的申购赎回都不是一个交易日内能完成的，这个时间往往需要一周，所以，这样的一波操作下来，我们往往是赔了夫人又折兵。

首先，与股票相比，基金的交易费用较高。印花税下调后，股票的双边交易成本在 1% 左右，而基金的交易费用，即申购赎回费率在 2% 左右，即使一些银行对基民进行网上交易给予优惠费率，但双边交易费率也在 1% 以上。这样算来，频繁交易不仅费时、费力，还进一步缩小了获利空间。

其次，基金申购赎回的时间也是基金的一处"硬伤"。一般而言，基金的申购期在两个工作日内，而赎回期则长达五个工作日，也就是说，这样的一波赎回申购下来，我们将要花费掉一周多的时间。因而就算我们精准地抓住了基金的"低点"和"高点"进行波段操作，也会错过最佳买入、抛出时机，最终浪费了人力财力却得不偿失。

刘林在一家政府机构做公务员，工作比较清闲，就迷上了炒股，股龄已经超过了五年。这一段行情不好，刘林在股票操作上不是很顺心，就听从同事的建议到基金市场上找找感觉。刘林于是购买了一只指数型基金，投资金额为5万元。在持有一段时间后，刘林判断大盘要继续下跌，而且很可能是深度下跌，他预计下跌将会在周三周四出现，然后将持续到下周四左右。于是，按照一般的股票操作方法，他于周二便去银行进行了基金的赎回，准备到下周五左右接回来，中间至少可以赚取每份0.1元的差价，也就是说，通过这次交易，他可以挣到5000元。

但是，周三的时候，刘林发现，他这次基金的赎回并没有像股票那样卖了直接就拿到资金了，于是他到银行进行咨询。理财经理告诉他基金的赎回一般要经历五个交易日，也就是说，他的赎回一直要到下周二左右才能成功。刘林听完直接愣住了，他原本的判断是下周四左右就会有一波反弹的，如果赎回到周二才能成功的话，他的这波高卖低买的操作根本就无法完成！于是刘林就要求银行工作人员退回他的赎回申请，但是工作人员告诉他，赎回申请无法撤单。这样一来，从周二的赎回申请到下周五，刘林的基金又成功申购回来，他浪费了将近两周的时间，非但没有得到他预算的5000元的收益，反而损失了 200 多元的手续费！

　　由于做了多年的股票，刘林对市场的判断很准，但是虽然他对市场判断很准确，在这一波基金的高卖低买中，他并没有挣到钱反而亏损了手续费，原因就在于他用炒股的操作方法和心理操作基金。但是基金跟股票有太多的不同之处，基金压根就不是用来炒的，而他也忽略了基金的手续费跟股票不同这一特点，更重要的是赎回的时间。银行内基金的赎回一般都要 5 个工作日，而股票则是 T+1 交易，当天买入的股票第二天就可以卖出，因而他这样的一波操作并没给他带来任何收益，但是，却使他学习到了基金的知识，明白了基金不是用来炒的，而是一种中长期的投资工具。而我们这些普通工薪族投资者对市场的把握可能还达不到刘林这样准确，所以，我们要老老实实、按部就班地进行基金投资，而不要妄想在基金的投资中做到一夜暴富。

　　总之，在广大工薪族的基金投资中，也要避免出现刘林这种状况，一定要弄明白股票与基金的不同，而不能抱着炒股的心态来进行基金投资，更不能用炒股的方法来操作基金，还要谨记：基金不是用来炒的。

基金定投，降低风险的菜鸟首选

看到周围的人都开始通过投资基金挣钱了，一些投资菜鸟也坐不住了。但是这些投资菜鸟对基金投资一窍不通，一时间也不知道从哪里开始学习这些知识，那么有没有什么适合这些菜鸟们的投资方法呢？

在众多的基金投资方式中，基金定投由于方法简单，省时省力，又可以分享到股市的长期收益，因此被称为"傻瓜投资法"，也被称为"懒人投资法"。有些工薪族投资者也听说基金定投能够"逢高减筹，逢低加码"，似乎基金定投很神秘，今天，就让我们来揭开基金定投的神秘面纱，看看基金定投的真面目。

基金定投，是"定期定额投资基金"的简称，指在固定的时间以固定的金额投资到指定的开放式基金中，类似于银行的零存整取，在美国也被称为"平均成本法"。这种投资方式可以平均成本、分散风险，比较适合进行长期投资。一般而言，基金定投具有三大特点。

1.长期投资，积少成多

基金定投是通过在固定的时间投资固定的金额并长期坚

持，因而可以积少成多，让小钱变成大钱。我们不必筹措大笔资金，而只需要从我们每个月的固定工资中拿出一部分来做基金定投，从而实现中长期的理财目标。

刘秋玲今年刚大学毕业，专业是文秘，由于学校的实力一般，而且又不是热门专业，最终进入了一家私营企业，做了行政专员，工资一般。但是刘秋玲很不甘心，她有自己的想法，认为在一家私企做行政在事业上是没有前途的，她打算用八九年左右的时间磨炼一下自己，同时积攒一笔资金，等到十年后开一家属于自己的企业。于是她决定从自己拿工资开始就每个月存一笔钱，到了银行办理零存整取业务。但是通过银行工作人员的分析，她觉得由于自己存钱的目的是十年后自己的企业能够有一笔启动资金，而在这十年内是基本上不会用的，因此银行工作人员为她推荐的基金定投业务正好能满足她的这种理财需求，更重要的是，基金定投的收益率基本上是银行零存整取的10倍！于是，刘秋玲果断地选择了这种理财方式，每个月拿出300元来做一只股票型基金的定投。两年后，投资收益已经有了初步显现，而此时刘秋玲的工资也涨了一些，于是她随即又调整了自己的定投金额变成了每月 500 元。通过这样坚持不懈的投资，10 年后，当刘秋玲想要开始自己创业时，她将手中的定投基金全部赎回，竟然有了 36 万元！

其实像案例中的刘秋玲那样，每个月投资 300 元甚至 500 元，这在我们这些普通的工薪阶层所能负担的数额内，对我们的日常生活不会造成太大的影响。因而，只要我们能够持之以恒，坚持定投，那么长期来看，将获得相当可观的投资收益！

2. 自动扣款，省时省力

目前的基金公司一般都与代销机构签有自动扣款的协议，我们只需要约定在每个月的某一天进行扣款，那么银行就会自动地从我们的账户中划走这笔款项。因而，对于"月光族"来讲，也可以通过将工资发放日设为扣款日的方式来实现"强制储蓄"，通过这种长期的强制投资，在未来的某一天，我们会发现自己的账户上多了一大笔钱。

陈瑞在一家外企上班，已经工作几年了，月均收入 4500元左右，却是一个典型的"月光族"，总是把每月的工资给花干净，没有一分存款，用她自己的话说就是她根本控制不了自己花钱。苦恼之时，为了达到存款的目的，她听从了朋友的建议，选择了基金定投这种理财方式，并选择在每个月的 15 号也就是发工资的当天从账户中扣款 1000 元分别用于一只股票型基金和一只指数型基金的定投，也就是说陈瑞每个月用了自己工资收入的 25% 左右来做基金定投。她认为这个数目不会影响到自己的生活，于是坚持了 6 年，发现自己居然有了一笔 12 万元的资金。她非常高兴，以后更加坚持了这种基金定投，并且根据自己的收入调高了定投的数额。

陈瑞巧妙选择了基金定投扣款日，银行到期自动地帮她扣除这笔款进行投资，也就避免了她把工资花光现象的出现。而且，通过这种强制储蓄的方式，6 年后她得到了一笔相当大的投资收益。

3. 分批投资，分散风险

在投资中，最困难的就是投资时机的选择。基金定投则是每隔一个月就进行一次投资，因而不管行情如何波动，都会定期买入，避免了投资时机的选择问题。同时，逢高减磅，逢低加码，分散了一次性投资可能带来的风险。

总之，基金定投适用于我们这些普通的工薪阶层，利用每个月的闲置资金进行投资，更是一些菜鸟工薪族投资者降低风险的首选投资方式。但是在投资中，我们也要谨记：基金定投是一种长期的理财方式，所以我们不要轻易地中断投资，而也正是由于基金定投的长期性，所以它往往横跨了整个经济周期，在这个周期中，始于熊市终于牛市的定投能够获得最大的收益。

定期定额策略＋微笑曲线，最适合做短线

大多数的工薪族投资者都认为基金定投是一种中长期的投资方式，其实事实也的确如此，基金定投的最佳投资时机是整个经济周期的循环，而且始于熊市终于牛市的方式是最佳的投资思路。但是很少有人明白基金定投也可以用来做短线，这就需要将基金定投和微笑曲线结合起来使用，而且这里的基金多指波动较大的指数型基金。这里所谓的微笑曲线是借用管理学中那个著名的"微笑曲线"来命名的，也就是将每月买入的基金净值与最后卖出净值，用曲线连接起来，有些时候这个连接的曲线会形成一张笑脸的样子，在这种情况下是最适合做短线的。

做短线首先需要我们对市场进行准确判断，只有对市场短期内的走势有了一定的认识，才能结合市场行情给出自己的投资思路。而对指数型基金来讲，由于跟踪的是大盘同期走势，所以就需要我们先对股票市场行情有一定的了解。一旦将市场行情判断准确，我们就可以通过定投指数型基金的方式在短期内获得较大的收益。

股票市场的行情一般分为上涨、下跌、震荡三种，但是总会有特殊情况出现。比如当前的市场行情不好，国家的整体经济形势也不好，可能还会有进一步的下跌。但是一旦判断准确前期某个低点将是近期的支撑位，指数到了这个点位可能会有一波上扬，也就是说，如果我们判断出市场接下来的行情将会有一个类似于微笑曲线的形态出现，那么此时我们就可以采用定期定额策略来获取投资收益了。在我们初步得出这个结论的时候，我们就可以直接进行定投，比如我们判断市场底部将在 10 日后出现，那么我们就可以每隔三天定投一定金额，如果市场行情如期下跌，那么每三天我们所购买的基金份额就更多了一点。这样，当我们完成了微笑曲线的左半部分，市场已经处于阶段性底部时，在微笑曲线即将出现右半部分时，我们依旧可以通过定期定额的方式进行投资，只是由于此时市场是上涨过程，所以我们每次所能够买到的基金份额是越来越少的，但是此时，只要市场行情达到了微笑曲线的左半部分时我们购买的点位，那么我们就已经获利了。

当然，这是在市场行情恶化的情况下的一个短期操作，但是通过这样的一种方式，我们可以在市场持续低迷的时候轻松把握一波行情。

王学伟是一家外贸公司的客服专员，平时的工作比较忙。当初他听从银行的建议买了一只指数型基金做定投，本来打算长期持有的，但是市场行情持续低迷，基金定投也是一直亏损。王学伟于是潜心向人请教，最终学习了一种市场下跌情况下用基金定投的好方法，于是他决定试试。

通过初步的分析判断，他认为市场会在 2100 点这个前期低点的时候有一波反弹，但是现在的点位是 2200，离 2100 还有 100 点的距离，虽然市场目前的下跌劲头很猛，但是国家一直在强调维稳，所以他判断市场会在两周后跌到 2100 点，然后就会展开一波小的反弹，也就是说市场会以 2100 点为曲线的底部形成一个大大的笑脸——微笑曲线。

于是，对这 10 个交易日王学伟做了分析，最终他决定每隔两天定投一次，每次定投金额为 1000 元，此时该指数基金的价格为 0.909 元，市场果然如王学伟预期的那样下跌，他第一次定投买到了 1100 份的份额，第二次就买到了 1300 份，而到了第三次，买到了 1500 份，也就是说，通过三次定投，他手中的基金份额已经达到了 3900 份。此时市场赢来了 2100 点，而 2100 作为一个前期低点，连续几次都未被突破，这次也成功地发挥了支撑线的作用。市场开始围绕 2100 震荡，最终，开始了小幅反弹。王学伟估计这次的反弹可能持续一周，而自己在这一周依旧是坚持定投，第一次买到了 1400 份，第二次买到了 1200 份。而此时，市场反弹的力度有衰弱的迹象，此时王学伟已经持有了 5500 份基金份额，而此时的基金份额已经回到了面值，为每份一元，自己的 5500 份基金份额赎回的话可以获得 5500 元，而自己当初的成本是 5000 元。于是王学伟果断地卖出，这样，在市场行情持续下跌的背景下，王学伟通过微笑曲线和定投策略的完美结合，成功地在半个月的时间内获利达到 10%！

市场下跌的趋势中，连基金定投也不能幸免。王学伟就是在自己的基金定投被套牢的情况下才采取这种定投策略与微笑曲线相结合的方法来减少自己的亏损的。令他没有想到的是，基金定投策略和微笑曲线结合的威力远远超出了他的想象，半个月 10% 的收益即使在行情好的时候也是不容易把握的。通过这次操作，王学伟就彻底掌握了这种下跌过程中短线获利的方法。

其实，通过定期定额投资策略与微笑曲线的结合，完全可以达到意想不到的结果，所以，定期定额策略 + 微笑曲线的投资思路，最适合我们这些普通的工薪阶层投资者进行短线操作。

定期定额基金只能"止晃"，不能"转向"

大部分的工薪阶层投资者都认为基金定投很"神奇"，其实，基金定投只是一种投资思路，它的神奇也只是在于它总是给人一种无论上涨下跌总能挣钱的感觉。其实，作为一种理财方式，基金定投没有那么大的力量足以去改变整个市场行情，也就是说，基金定投只能够使我们在市场行情下跌的时候少亏点，但是如果市场持续下跌，基金定投并不能帮我们扭亏为盈。

作为一种理财方式，基金定投本身也是有风险的，我们所做的只是尽量地降低概率。假如有一只由于重力下降的瓶子，通过基金定投我们可以使这只瓶子的下降速度降低，可以使瓶子停止晃动，保持在一个水平上，但是我们没法通过基金定投使瓶子"转向"。这一点是我们在做基金定投时一定要注意的。

方文强是一家小的广告公司的客户经理，闲来无事的时候也做股票，但是股市行情不好了，他的股票都被套得死死的。后来偶然从电视上看到专家说基金定投是一种最佳的理财方式，基本上不会亏钱后，他就到银行办理了基金定投业务，同时听取银行大堂经理的意见办理了一只沪深 300 指数基金的定投，每月定投 500 元，定投日期每月 15 号。方文强对基金并不是很了解，更不明白什么是基金定投，做这次投资完全是因为电视上专家的推荐。由于他的股票已经被套死，他就指望着基金定投能够挣点钱把股票给捞出来呢。但是随着市场行情的持续低迷，一个月后，方文强发现他的基金定投也已经开始亏钱。但是专家说了，基金定投是一个长期的理财方式，所以应该继续坚持，于是方文强继续投资。

市场行情总是起起伏伏的，一年内，市场行情虽然有起伏，但是整体的下降趋势并没有改变。一年后，方文强的基金定投的亏损已经达到了 200 多元，虽然不多，但是方文强感觉自己上当了，因为他想通过基金定投把股市解套的愿望根本就无法实现。基金定投与股票比起来，只是使他亏损的金额减少了，但是并没有给他带来实质性的扭转方向的作用，他的投资依旧是亏损的。

方文强的思路其实是大多数工薪阶层的思维，因为某种原因而最终选择了基金定投，总是对基金定投这种理财方式寄予过重的期望，希望通过基金定投能够使我们的投资起到翻天覆地的作用，能够扭转市场持续下跌带来的风险和损失。不过，基金定投的劣势也是显而易见的，比如当市场上涨的时候，基金定投的上涨速度远远跟不上一次性购买基金或者股票的收益，此时基金定投会减少我们的收益，而当市场下跌的时候，基金定投并不能有效地规避下跌的系统性风险，只是通过逢低加码使我们手中所持有的基金份额增多，最终在市场行情彻底好转的时候为我们带来更大的收益，也就是只能起到"止晃"的作用，而不能使市场或者我们的亏损真正地发生"转向"。

对工薪族投资者来说，基金定投不失为一种省时省力的投资方式，但是任何投资方式都是有利有弊的，基金定投也不例外，因此，在我们运用基金定投这种投资方式时，一定要理性地认识到基金定投只能"止晃"，而不能"转向"。

第三节　让薪水与债券做伴

想稳稳当当，试试购买债券

对于我们这些普通的工薪族来说，由于刚开始学理财，所以对股市和基金这种风险偏大的投资方式都有些恐慌，恐怕一旦投资失败，就鸡飞蛋打了，将会连我们投资的本金也会受到侵蚀，而债券投资的风险较小，收益稳定，具有较好的流动性，通常被视为无风险证券，可以使我们不必担心辛苦赚得的薪水被风险"吃掉"。所以对于这些理财菜鸟来说，不妨尝试一下债券这种稳稳当当的理财方式。

债券是政府、金融机构、工商企业等机构直接向社会借债筹措资金时，向投资者发行，并且承诺按一定利率支付利息并按约定条件偿还本金的债权债务凭证。由于债券的利息通常是事先确定的，债券又被称为固定利息证券。

刘明和李亮都是刚毕业才进入职场不久的社会新新人士，同样地，受到社会上"你不理财，财不理你"的思想影响，也开始跟公司的老人学起投资来。但是不同的是，刘明是一个风险承受较低的保守型投资者，所以选择了债券投资，通过银行理财经理的介绍，选择了一只30天循环的债券基金，预期收益为3.8%~4.6%，而李亮是一个积极型的投资者，认为自己能够承受一定的风险，想进入股市搏一把，但是由于自己对股票不了解，最终选择投资了一只股票型基金，两个人的投资额都为1万元。

一年后，两个人盘点自己一年来的投资收益情况，刘明的循环债券为他带来了520元的投资收益，而李亮的股票型基金至今仍在被套状态，亏损440元。

现实生活中我们经常能够看到案例中李亮和刘明现象的出现，但是我们并不能说李亮的投资思路是错误的，这取决于每个人对自己风险承受能力的认同。但是，不可否认的是，债券投资确实能够在保证本金安全的前提下为我们带来不错的投资收益，而不论当时的市场行情是上涨还是下跌。所以，对于投资菜鸟来说，可以选择债券这种方式来保证我们财富稳稳当当地增值。

债券有国债和企业债（公司债券）之分。对于国债，可能我们已经很熟悉，但是国债的发行一般都是五年期以上，时间上比较长，而且由于国债的流通性比较好，想购买国债，需要我们早早地到银行去排队购买，因此不是很适合工薪族。工薪族可以选择公司债券。

参与公司债券投资主要有两种途径，一是直接投资，即个人投资公司债券，在证券营业网点开设证券账户，等公司债券发行时，像买卖股票一样买卖公司债券，不过债券的交易最低限额为1000元。工薪族投资者可以参与公司债券一级市场进行认购，或是参与二级市场投资，操作上与基金的认购和申购基本上是一致的。二是间接投资，即工薪族投资者买入银行、券商、基金等机构的相关债券类理财产品，然后通过这些机构参与公司债券的网下申购，或是在二级市场进行买卖。

一般来说，对于有一定投资经验的工薪族投资者，我们建议进行直接的债券投资。我们通过筛选公司的业绩、债券期限以及债券的风险等级，选择适合自己的债券品种，然后通过自己的证券账户直接进行投资，这样就避免了间接投资所需要交给基金公司或者券商的费用。但是对于没有投资经验的工薪族来说，还是选择间接购买比较好，因为可以节省选债券的时间和精力，更何况专业人士的选择与打理肯定比我们这种投资菜鸟要专业得多。

吸取了股票型基金投资失败的经验教训，李亮明白了在一段市场行情不给力的情况下，选择能够获得稳定收益的投资债券。同时，由于对金融市场有了一定的了解，李亮结合自己的分析判断，选择了一只成长型的公司发行的公司债券。该公司的评级为2A级，风险较低，同时该公司的成长性较好，于是李亮又花了1万元投资到这只债券上。而此时，刘明依旧在坚持着自己的30天循环债券的投资。

一年后，两人又对自己的投资收益进行比较，李亮的债券为他赚取了400元的纯利润，但是该债券却还没有到期，也就是说，如果李亮此时卖出手中的债券，还能再获得10400多元的债权面值增值收益，这样算，这一年，李亮的纯投资收益为 800 多元，而刘明的 30 天循环债券基金由于复利效应也为他带来了 600 多元的收益。但是此时，很明显，与李亮相比，刘明的投资优势已经没有了。

同样是一年的时间，刘明和李亮的投资却出现了天翻地覆的变化。其实，两个人只是一个选择了直接投资，另一个选择了间接投资。而由于间接投资金融机构收取一定费用的原因，如刘明的债券型基金除了收取申购赎回手续费外还要收取基金管理费，这样的费用积少成多下来也是不容小觑的，这也就造成了刘明和李亮的投资收益差距的存在。

因而对于我们这些普通的工薪族投资者来说，还是应该尽可能地学习这些投资理财知识，只有熟悉了这些操作流程规则，才能在投资中做到自己进行选择。进行直接投资，在节省了费用的同时能为我们带来更大的投资收益。

总之，如果我们想要在理财过程中不受市场波动的影响，想稳稳当当地收益，那么选择债券这种低风险的投资方式，让债券与薪水相伴而行，使我们的理财之路越走越宽阔吧！

以平常心进行债券投资

古代哲人曾经说过："若无闲事挂心头，便是人间好时节。"其实说的就是在对待任何事情上，我们都可以以平常心对待。只要能够保持平和的心态，不因为债券市场价格的涨跌变化而兴奋或者紧张，只要坚定地持有、耐心地等待，相信在债券到期的那一天，我们一定会赚得盆满钵满。

在当前信贷快速扩张，货币供应量高速增长，大宗商品价格上涨，以及翘尾因素消失等多种因素的综合作用下，我国的 CPI 和 PPI 出现了较大反弹，但这种反弹是经济复苏过程中价格指数的一种正常波动，即通货复胀。在上个月，国家统计局公布的 CPI 和 PPI 的数字分别 2.2% 和 2.1%，涨幅回落均超出预期。

在这样的经济背景下，债券市场收益率曲线大幅跳升局面在短期很难出现，但频繁波动却也在所难免。此时我们应该降低预期：不应该幻想市场会出现重大利好带动收益率曲线全线下降，也不要奢望通过波段操作，抓住市场短期机会，而应该回归平常心，用平和的心态来对待市场上这种债券收益曲线的变动，避免自己被这些收益曲线的上下起伏波动影响而采取一些短期冲动的操作思路，造成投资损失。对待这种市场的起伏变化，我们应该做到"无为而治"，无须刻意关注债券的起伏。既然是一种中长期理财方式，那么，我们就应该耐心地等待，耐心地持有，相信如果我们有了这种平和的心态，一定会"守得云开见月明"。

李军和刘云同是一家中型企业的普通职员，李军之前的投资主要是股票投资，但现在股票市场行情不稳定，一落千丈，所以他把手中的股票清仓后瞄上了债券市场。而同时，刘云也听人建议准备进行债券投资，于是两个人都认购了市场上刚发行的一只企业债券。这只债券面值为100元，两个人各投资了1万元买了100张。但是之后，随着市场行情的变动，该债券的票面价值开始下跌，一个月后，债券的票面价值变成了80元，这一般已经是一只债券的最低价格了。随着债券价格的日益下跌，刘云开始坐不住了，她不知道80元基本上已经是债券的极限价格了，她认为债券的价格还会继续下跌，于是，经过了一番考量之后，刘云以85元的价格卖出了手中的债券，因为其持有国债的时间不满半年，所以，国债并未给她带来利息收入。而李军已经经受过股票市场大风大浪的洗礼，对债券价格的这点小波动根本就没有放在心上，而且从股票市场退出而选择债券投资的时候，李军就把自己的投资思路定位为中长线投资，准备至少持有一年，所以他对债券价格的下跌并没有很注重，而是保持了一颗平常心，耐心地等待。最终，一年后，该只债券的价格又回升到了120元，已经是溢价状态。而此时股票市场也有回暖的趋势，于是，李军卖出了手中的债券，在获得20元的票面价格的溢价收益外，还获得了该只债券一年的利息收入400元！

在我们实际的债券投资中，由于市场各种因素的变动，其价格的上下波动很正常，而如果我们因为债券价格的上涨而高兴得合不拢嘴，或者因为债券价格的下跌而伤心得坐卧不安，这种心态会直接影响到我们对债券的操作。像刘云那样冲动地把债券卖到最低点，最终出现了投资负收益的现象。但是反观案例中李军的表现，我们就能发现，无论市场如何风云变幻，无论债券的价格如何涨跌起伏，他都是以一种平常心去对待的。因为他做的债券投资是中长期投资，所以短期的波动并不会影响债券到期后我们应得的利息收入。正是带着这种平和的心态，他才在这次债券投资中收益颇丰。我们工薪族也要像李刚一样，不论市场如何波动，都以平常心对待，只有这样，才能经受住市场波动的诱惑，实现真正的债券价值投资。

我们工薪族作为一个中长期的债券投资者，不能被短期的市场波动所迷惑，对债券的涨跌要做到心如止水，不以价格上涨而喜，同样地，也不因其价格下跌而悲。只有真正做到不以涨喜，不以跌悲，才能成为债券投资市场上的常胜将军！

如何挑选称心的债券

既然选择了债券这种低风险的投资方式，而且我们已经对债券的投资时机有所了解，那么接下来就该选择适合我们自己的债券了。那么在浩瀚如烟的债券产品中，我们又该如何选择自己称心的债券呢？这就需要我们对债券的性质以及分类有基本的了解。

按照债券的发行主体，可划分为政府债券、金融债券和公司债券。政府债券是政府为筹集资金而发行的债券，主要包括国债、地方政府债券等。国债的信誉较好，风险也较小，收益率一般高于银行存款，而且又有国家信用作担保，可以说是零风险投资品种。如果是规避风险的保守型工薪族投资者，购买国债是一个不错的选择。即使是积极型工薪族投资者，也应当考虑在理财篮子中适当配置类似的产品。

金融债券是由银行和非银行金融机构发行的债券。目前我国金融债券主要由国家开发银行、进出口银行等政策性银行发行。金融债券由于是银行等金融机构发行的，它的风险比政府债券风险大一些，不过小于公司债券风险。因此，积极稳健型的工薪族投资者和平衡型的工薪族投资者可以选择金融债券投资。

公司债券是企业按照法定程序发行，约定在一定期限内还本付息的债券。公司债券的风险完全取决于一个公司的盈利与信誉，因此风险大一些，比较适合风险承受能力较高的工薪族投资者投资。

通过对国债的分类，我们能够发现不同的债券对应着不同的风险等级，国债代表着极低风险甚至零风险，金融债券代表着低风险，企业债券代表着中风险。因而，在我们的投资过程中，我们首先要对自己的风险承受能力加以评估，以确定自己的风险等级（现在很多证券公司内部都有对工薪族投资者的风险等级进行评估的工具），在确定了风险等级的基础上，再进行债券的选择。

但是即使我们针对自己的风险等级选择了某种风险的债券投资，由于现在债券发行主体的多样性以及债券投资产品的日益丰富，我们也面临着从众多的债券产品中选择自己称心的产品的难题。这就需要我们对债券进行更进一步的细分。

按利率是否固定，债券可分为固定利率债券和浮动利率债券。固定利率债券是将利率印在票面上并按其向债券持有人支付利息的债券。该利率不随市场利率的变化而调整，因而固定利率债券可以较好地抵制通货紧缩风险。浮动利率债券的息票率是随市场利率变动而调整的利率。因为浮动利率债券的利率同当前市场利率挂钩，而当前市场利率又考虑到了通货膨胀率的影响，所以浮动利率债券也可以较好地抵制通货膨胀的风险。

刘杰与赵勇同是一家燃气公司的职工，两个人的关系比较好。这天，两个人约定来银行购买某只企业债券。到了银行，两个人发现，当天有两只企业债券在同时发行，两家公司的企业债券发行期限都是 5 年，而且都是分次计息的，每半年结息一次。但不同的是，A 公司发行的为固定收益类债券，票面利率为 5.6%，而 B 公司发行的为浮动收益类债券，当前的收益类为 5.8%。两个人不太明白差别在哪，刘杰就凭着利率的高低选择购买了 5 万元的 B 公司的债券，而赵勇摸不准两者的差距在哪，于是，抱着这次试试的心理，他选择购买了 A 公司 5 万元的债券。

六个月后，经济不景气加重，央行在采取了多次逆回购收效甚微后，毅然地选择了降息这种宽松型货币政策，一年期银行存款利率下调 0.25 个百分点。此时，A 公司的债券因为是固定收益类，所以并没有受到这次降息的影响，但是 B 公司发行的债券由于是浮动收益类债券，此时也根据央行的降息政策下调了 0.25 个百分点。这样，B 公司的债券收益变为了 5.55%。因此，在这次半年一次的结息中，刘杰获得了 B 公司的利息收入 1387.5 元，而同时赵勇获得了 A 公司的利息收入 1400 元，比当时选择了高收益的刘杰还多获得了 12.5 元！由此可见，在宽松型货币政策下，固定收益类债券将比浮动收益类债券更加受益，也更能抵御通货紧缩的风险。

三年后，国家经济复苏，重新迎来了经济发展的火热时期。为了控制房地产的过热发展，国家开始实行紧缩性货币政策，在其他政策收效甚微的情况下，央行开始了首次加息，一年期存款利率上浮 0.25 个百分点。同时，B 公司发行的浮动收益类债券也上浮 0.25 个百分点，又变成了 5.8%。通过这样的政策，刘杰和赵勇这次的半年结息又有了新的变化。赵勇当初选择的是 A 公司发行的固定收益类债券，所以其利息并没有改变，收益仍然是 1400 元，而刘杰的债券收益却变为了 1450 元，比赵勇的多出了 50 元。这说明在紧缩性的货币政策下，浮动收益类债券比固定收益类债券的收益要高，因而更能抵御通货膨胀的风险。

刘杰和赵勇两个人同样选择了五年期的企业债券，而且两只债券都是以半年一次结息的方式发行的，但是由于两只债券的利率收益方式不同，两个人的收益情况也在随着国家经济形势及经济政策的变化而变化。我们不能说哪种债券是最好的选择，因为这是因人而异的。我们只有对自己的实际情况进行准确的分析，对想要购买的债券进行准确的定位，才能在众多的债券产品中选出一只真正适合我们自己的产品。

在平时的债券投资中，工薪阶层投资者除了要对自己的风险承受能力做出评估外，也要对债券的收益情况进行比较，通过全方位的分析，最终挑选出称心如意的债券产品。

有效进行债券组合

在投资过程中，我们经常听到理财小讲座说"不要把鸡蛋放到一个篮子里"。其实，这就是说，不管任何投资，都是有风险的。为了把这种投资的风险最小化，我们要进行风险分散，把资金分别投资于不同的理财产品，以达到"东方不亮西方亮"的投资效果。对于债券投资，我们也要进行有效的债券组合，以使我们的投资收益达到最大化，投资风险最小化。

投资债券时，工薪族投资者最好不要把思路局限于一个单一的品种。如果能针对自己的实际情况对债券投资选定一个有效的投资组合，那么将会达到事半功倍的效果。有的工薪族投资者认为国债的风险较小，于是只选择国债。其实虽然单纯购买国债基本上可以实现本金的保值以及增值性，但是这种单一化的投资对于收益取得是有影响的，因为相比较而言，高风险对应着高收益，而国债的低风险性也就决定了国债的投资收益低于一般的企业债券。其实目前企业债券也是一种不错的投资产品，因为一旦工薪族投资者购买了企业债券，不管企业内部管理如何，作为企业的债权人，都可以到期收取定额的本金和利息。即使企业在到期前破产清算，债券持有人相对于股东也会有优先清偿权。企业在清偿所有的债务后若还有余额才会给股东部分补偿，所以企业债券的风险相较于基金与股票而言也是较低的，这是由债券的性质决定的。

因而在我们投资债券的过程中，也要注意投资组合的使用。工薪族投资者可以选择一半的资金用来做国债投资，收取固定的投资收益，同时将另外一半资金投资于优质的企业债券，获得额外的高收益。通过这样的一个组合，我们就实现了自己投资收益增高的目的。

陈志强是一家国企的普通职工，工资不是很高，但是福利待遇很好，所以几年的工作下来也攒了一笔钱。但是由于面临结婚买房的首付压力，所以他不敢投资风险太高的理财产品。最终，在银行理财经理的帮助下，他选择了债券这种风险比较低的投资方式进行资金的增值，但是在具体债券品种的选择上犯了难。他倾向于选择国债这种稳稳当当的理财手段，但是国债的利率让他不敢恭维，而选择企业债吧，虽说风险也不高，但是他实在不敢拿这些买房钱来投资。于是，他接受理财经理的建议，采用分散投资，用60%的投资金额投资于国债这种十分稳妥的方式，用剩余的40%投资于收益较高的企业债券。通过这种投资组合，他既享受到了国债的稳定性，又享受了企业债券给他带来的高收益性。

古人说"鱼和熊掌不可兼得"，但是在债券的投资中，我们却可以通过一定的投资组合，巧妙地保存本金这条"鱼"，同时也享受风险这只美味的"熊掌"，实现收益和风险的共赢。就像案例中的陈志强一样，他本来是打算全部投资于国债的，但是我们已经知道投资国债也不是完全没有风险的，同时由于国债的低利率性，所以经过专业人士的指点，他就做了一个六四开的投资组合，从而实现了投资收益的最大化和投资风险的最小化，用专业术语来讲，就是使投资收益率达到了最大。

国债和企业债的投资组合是债券投资中最常见的组合，但是债券投资还存在着其他一系列的组合，比如对风险厌恶型的工薪族投资者来说，他们只愿意投资于极低风险的国债产品，那么可以对国债进行短期国债和长期国债组合。同样地，我们也可以对企业债券的 A 级和 2A+ 级进行组合。这样的组合有很多，工薪族投资者要注重根据自己的实际情况进行最佳选择。

在我们进行债券投资的过程中，或多或少也会遇到这种鱼和熊掌的比例选择问题，此时，我们又该怎么选择呢？由于我们对金融专业知识了解的欠缺，所以即使我们知道了要做投资组合，但是我们并不能准确地知道这种投资组合究竟应该是五五分，还是四六分、三七分。在这样的情况下，我们可以咨询专业人士，也可以根据自己对风险和收益的偏好程度，在无风险收益和风险收益间进行组合，这个投资组合对每个人都可以是不同的，也就是说，单就风险收益率曲线来讲，在这条线上所做的每个组合都是最优组合。

在投资债券的过程中，对于我们这些普通的工薪阶层来说，为了达到风险分散和收益最大化的目的，我们不能把所有的投资都押宝于一只债券上，而是应该积极地对自己的投资进行有效的组合，在分散风险的同时实现收益的最大化，从而使风险收益曲线的弯曲达到最佳状态。

第四节　银行理财产品，工薪族小钱增值的选择

银行理财产品莫误读

现在银行内推出的理财产品的种类越来越多，内容也越来越丰富，固定收益类的、浮动收益类的还有结构性理财，长期的、短期的、中期的，各式各样，投资风险各不相同，但同时预期收益也各有千秋。在给工薪族投资者提供更多选择的同时，也增加了工薪族投资者的选择难度，于是，对理财产品的误读也就由此产生了。

工薪族投资者对于理财产品的误读主要集中在对预期收益率的实现及产品构成细节的知识缺乏上，不少工薪族投资者仅通过预期最高收益率和投资期限来选择产品，而且在实际的投资中，银行的理财经理给我们介绍的也主要是这二者。但实际上，预期最高收益并非能如约实现，产品构成和补充的条款，也许才是最关键的内容。往往工薪族投资者在选择时并没有注意到这些问题。

工薪族投资者对理财产品的误读主要表现在以下几个方面。

误读一：误把预期收益率当作实际收益率。

大部分的工薪族投资者在选择理财产品时，都会先关注投资收益率，这也是我们之所以选择理财产品而不是进行储蓄的目的。因此很多理财产品在发售时，就以"最高预期收益"作为产品推广的最大亮点。因为预期收益越高，就越容易吸引工薪族投资者的关注，这就造成了我们对理财产品的第一大误读。其实如果工薪族投资者能够认真研究一下理财产品说明书就会发现，预期最高收益率的实现，难度是很大的。我们也会发现有一些理财产品的预设条件不严格，看似灵活，但其实这些条件都是对银行有利的，对银行来说是比较灵活的，但对投资者来讲并非如此。比如一些提前终止条款，一旦触发提前终止条件，投资者可以在较短的期限内获取可观的最高收益，但该产品也就此宣告终结，投资者无法继续享有投资给自己带来的高回报。这就需要投资者寻找新的投资方向。这样就耽误了最佳的投资时机，对我们这些工薪阶层来说，也就会造成投资的机会成本损失。

误读二：误把"极低风险"当作保本。

在一些理财产品的说明书中，我们经常能够看到在风险类别一栏中写着"极低风险""低风险""中等风险""高风险""极高风险"，这是银行对理财产品的风险等级进行的分类。而在购买理财产品时，银行的理财经理一般会告诉我们"极低风险"就是保本型产品，基本上不存在投资风险，于是很多工薪族投资者也就错误地认为极低风险就是保本型产品。其实，这二者还是有差别的。极低风险的理财产品一般选择的都是货币市场和债券市场的一些投资品种，这些产品本身的风险确实很低，但是也不能保证不亏损。如果选择的是债券市场，那么一旦发行债券的公司发生亏损或者倒闭，投资于这些债券的理财产品也就可能发生亏损，但是由于这种概率很低，所以在风险等级一栏中就写明"极低风险"。于是，对很多理财产品来说，保本与非保本的界限就不是那么清晰了，这就要求工薪族投资者在投资前对产品的特性进行深入的了解，避免出现这种误读。

误读三：忽视管理费对收益的侵蚀。

在一些理财产品的说明书中，我们经常能够看到这样的一句话"超出预期最高年化收益率部分的收益作为银行的投资管理费"，这其实是银行对最高收益的一个限制。通过这样的限制，高收益就只能被我们看得着但却得不到了。类似这样的"补充性条款"逐渐加入了产品的说明书中，一些工薪族投资者往往只注重收益，却容易忽视补充性条款中对报酬提取条件的细节设定，这就造成了对理财产品的误读，最终使我们的投资收益受到银行的侵蚀。

因而，在我们进行银行理财产品投资时，一定要多加注意产品说明书中的各种条款和补充说明，避免出现上述的误读。对于理财产品说明书中的一些细节性规定，工薪族投资者都需要认真分析，有不明白的地方都要与银行方面进行沟通，这样才能确保我们的理财收益不会受到银行各种条件的侵蚀。

避开银行理财产品的"猫腻"

随着物价居高不下及央行一个月内的两次下调存款利率，越来越多的工薪族投资者发现进行定期存款所获得的收益远远低于 CPI 的上涨幅度，银行存款已经步入了负利率时代，因而越来越多的工薪族投资者开始从定期存款转向银行理财产品的投资。与传统的理财方式相比，银行理财产品是一个新兴的投资渠道，因而很多工薪族投资者对其还不是很了解，对理财产品说明书也是一知半解。其实，银行理财产品正是利用工薪族投资者对其不甚明白的弱势，暗藏了许多猫腻。对于这些理财产品中暗藏的猫腻，工薪族投资者不可不小心避开。

猫腻一：风险提示被隐藏。

风险提示是对一只理财产品的风险等级分类及可能面临的风险的介绍，工薪族投资者不能不看。因为理财产品并不等同于存款，风险还是有的，哪怕是风险等级极低的产品也会面临亏损的可能。国家目前要求银行理财产品必须对客户进行风险揭示，但是在实际中，往往一些理财产品的风险提示会用更小的字体，更浅的颜色，在说明书不起眼的角落里出现，让投资人不容易发现。

因此，工薪族投资者在阅读说明书时，最好从后往前进行阅读，因为多数风险提示都会出现在说明书的末尾。银行希望风险提示能避免被过分关注，会用浅色字来淡化人的感觉，多数情况下，潜在的风险和可能发生的亏损会被藏在小字的说明里，所以，工薪族投资者一定要对说明书上的内容全部认真阅读之后，再考虑是否购买。

猫腻二：预期收益率被高估。

工薪族投资者对理财产品说明书上的收益率，不能盲目相信。说明书上的收益率大都是预期收益，并非实际收益率。

从以往银行理财产品的表现看，预期最高收益率与实际收益相符的概率并不大，因此，工薪族投资者要提前做好心理准备，而且，银行为了达到吸引工薪族投资者的目的，往往会对预期收益率进行美化，这点工薪族投资者也要引起注意，在选择理财产品时，不要单纯地以收益率的高低来作为选择标准。

刘梅是一家私企的出纳，平时经常到银行办理各种业务，所以跟银行的人员混得都比较熟。一次，银行理财经理为她介绍了一款理财产品，产品期限为45天，预期收益率却高达4.6%，而同期三个月的银行同期存款利率仅为2.8%，与该款理财产品相差了一半。刘梅当时就很动心，但是她的可动用资金只有10万元，却已经于上个月购买了一只凭证式国债。理财经理建议她把国债进行提前支取，以便能够享受到这次的高收益，因为这次机会很难得的。于是刘梅就听从了理财经理的建议，赎回了上个月买的国债。因为持有期不满六个月，非但没有得到利息，反而支出了100元的手续费，于是刘梅又自己添了100元购买了10万元的理财产品，也就是说，该产品到期后，按照银行给出的预期收益率，刘梅将会得到 567 元的收益，扣除掉提前支取国债的手续费，她还会得到 467 元的收入。

该款产品到期后，刘梅到银行取回自己的资金，但是惊讶地发现她的收益只有 120 元。刘梅很郁闷，找来理财经理问个究竟。理财经理拿出了当时的产品说明书，产品说明书最后一页的中间用小字写着：该产品的预期收益率只做参考，不作为收益保证。

刘梅很生气，觉得自己被理财经理给忽悠了，当时办理的时候就是冲着高收益来的，要不也不会选择提前支取国债，结果现在的收益率没有达到，在扣除了国债的手续费 100 元后，刘梅实际上只得到了 20 元的收益，用她自己的话来说，还不如一直持有国债划算呢。

银行的理财经理在向我们推销某种产品时，肯定会往好的方面说，所以收益率就被夸大了。如果我们只是冲着高收益就进行投资，恐怕最后就像刘梅一样得不偿失了，因而，在购买理财产品时，对于这种预期收益率的猫腻我们一定要注意避开。

除了上述的两个比较大的猫腻外，理财产品的名字也是银行容易为我们设下投资陷阱的重要方法。对理财产品的名字，我们不能自以为是，单纯地从字面意思上进行理解。有些理财产品为了达到更好的宣传效果，会为产品取个大众化的名字，让工薪族投资者容易接受，而在产品出现争执时，就会拿出合同文本来为其免责。比如"双利存款"，大部分的工薪族投资者一看到这个名称就会认为是与"定活两便"一样的两方面都对我们有利的存款。但是根据产品解释，这是一种和外币挂钩的特殊定期存款，可获得定期利息和期权费收益，也就是说，双利存款本质上是定期存款加外汇期权。显然，这一产品与存款相比，收益率有可能会高于存款利息，但同时失去了存款的保本特性，必须承担更高的风险。

因而，在我们选择购买银行理财产品时，对这些产品说明书里暗藏的猫腻，一定要加以规避，以防我们的投资得不到应得的收益。

挑选银行理财产品五要诀

近年来，随着大家对理财的认识越来越深刻，理财产品市场也变得异常火爆，而市面上的理财产品确实五花八门，但是就理财产品来说，大部分的工薪族投资者都倾向于选择银行理财产品。

但是由于银行理财产品也存在着各种各样的弊端，所以在银行理财产品的选择中，我们也应该从以下五个方面进行考虑，最终挑选出适合自己的理财产品。

1. 要看产品的类型

根据收益情况，银行理财产品的类型可以分为保证收益型、非保证收益型和非保本浮动收益型。保证收益型产品是银行理财产品中风险最低的，非保证收益型产品的收益是浮动的，一般能给客户带来更多的回报，但这种产品的风险要比保证收益型产品高一些。

工薪族投资者在选择银行理财产品时，一定要首先弄明白产品的类型，然后再对自己的风险承受能力做个评估。如果是保守型的工薪族投资者，那么最好选择保证收益型的产品，以避免本金的亏损，而激进的工薪族投资者则可以选择非保本浮动收益类产品以获得超额收益。

2. 要看投资起点限制

以当前的市场为例，多数银行理财产品的投资起点在 5 万元以上，部分产品投资起点甚至高达 100 万元，而追加投资金额通常也在 1 万元以上。所以，对于普通工薪族投资者来说，银行理财产品的门槛通常较高，这点也要引起我们的注意。

3. 要看产品的流动性

银行理财产品的投资期限通常也是我们进行产品选择时所要考虑的一个重要问题。投资期限一般从一天期到三个月再到三年、五年不等。投资期限越长，往往预期收益也会较高。但是，我们选择理财产品不能只看收益率，还必须对投资期限加以选择。因为对于有固定投资期限的封闭式银行理财产品来说，工薪族投资者如果提前兑现的话，那么获得的收益将很有可能大打折扣，甚至出现连本金都保不住的情况（即便是承诺保本的封闭式银行理财产品），还有的银行规定工薪族投资者在购买了短期理财产品以后，无权提前终止（赎回）该产品，但银行有权提前终止该产品。如果工薪族投资者对资金流动性要求相当高，那么一定要注意这方面的条款。所以，就需要我们在投资时对投资期限的选择加以注意。

对于资金周转较快的工薪族投资者来说，选择短期和超短期理财产品是最佳的选择。工薪族投资者希望看到的是随时能够完成现金兑换，并且不因持有期的长短而影响其收益率。但对于普通的工薪族投资者来说，我们还是应该通过选择中长期的理财产品来获得相对高的收益。

4.要看产品的挂钩对象

产品的挂钩对象也就是产品的投资方向、投资范围。在银行理财的产品说明书中都会有投资方向的说明，这也是对风险的进一步揭示。在投资方向中，工薪族投资者要注意看其中是否有自己不愿涉足的领域，比如有些工薪族投资者就不愿意购买房地产板块的任何产品，他认为国家目前正在对房地产板块进行调控，购买此类产品无疑是为自己找麻烦。相反的，如果工薪族投资者看好相关投资领域，但由于受到某种限制而无法直接进行投资，便可以选择挂钩这些领域的理财产品。比如工薪族投资者看好国外的某只基金或者股票，但是我国却明确规定个人工薪族投资者无法直接投资海外市场，此时工薪族投资者便可以以购买 QDII 基金的方式来进行间接投资，达到投资该领域的目的。

5.要选择正确的投资时机

很多工薪族投资者在前面的几步都做得非常好，但是在投资时机的把握上有所欠缺，从而造成了投资收益的减少。其实，这里有一个小窍门：我们应该尽量选择在月末或季末甚至半年末、年末进行购买，因为此时市场的资金缺口大，所以此时的利率水平一般比较高。我们可以通过对债券回购市场利率的把握来进行投资时机的选择，如果没有时间或精力来看回购市场的行情，就可以按照这个小窍门进行操作。如果资金空余的时候距离月末比较远，那么完全可以在这段时间里再做一个短期的理财，然后等到月末有高收益产品的出现时再择机购买。这样，通过对投资时机的准确把握，工薪族投资者的收益就会在无形中被放大。

一句话，在我们选择银行理财产品的投资时，一定要注意对上述五个诀窍的把握，以将我们的投资收益最大限度地放大。

银行理财产品谨防步入八大误区

这几年，理财业务在各大银行展开，于是涌现出了很多理财专家、理财师、理财顾问，还有各式各样的理财产品。可是，仔细研究起来，我们就会发现，因为是银行提供的理财产品，所以，很多人对它都有一定的误解，给自身理财造成了很多不必要的麻烦。那么，在利用银行的理财产品进行理财的时候，我们应该谨防步入哪些误区呢？

误区一：银行理财产品是银行提供的，肯定是安全的。

由于中国的银行信誉比较高，国有银行在市场中占有绝对的优势，大部分人的钱几乎都存在银行里面，这就给很多人造成一种误解：凡是银行提供的东西就一定是安全的。这就造成了很多工薪族在购买银行理财产品的时候根本不看产品说明，只要是银行推出的理财产品都会去捧场。殊不知，银行理财产品归根结底也是金融投资产品，一样存在着风险。即使是保证收益的产品也可能存在着市场风险、流动性风险等。

误区二：银行的工作人员说什么就是什么。

很多工薪族在购买银行的理财产品的时候，纯粹是听银行工作人员的介绍来作决定，自己根本就没有仔细看理财产品的说明书。在他们的眼中，银行的工作人员怎么可能骗自己呢？确实，银行的工作人员是不会骗我们，但是他们在宣传理财产品的时候，报喜不报忧，只强调产品的高收益，就是没有说明产品的潜在风险。这就让工薪族们误以为这些理财产品很安全，就放心大胆地去购买了，完全没有考虑风险的问题。

误区三：以为理财产品就跟储蓄存款是一样的，只不过是存期和数额有要求而已。

在一些工薪族的认知中，以为银行的理财产品是银行提供的，就跟自己平时在银行存钱一样，只不过有固定的存期，而且要求有一定的起存的金额而已。所以，在购买理财产品之后，以为自己就是在银行里存了钱。当自己想要用钱的时候，也不管自己购买的理财产品有没有到期，就要把钱取出来。其实，理财产品是一种投资产品，是有一定风险的，而且很多理财产品未到期是不能把钱拿回去的，所以，我们购买理财产品还是要用闲钱来投资。

误区四：以为银行产品的预期收益就是承诺。

银行理财产品的投资纠纷大多是以预期收益为主因。很多人在购买银行理财产品时都是冲着那高高的预期收益去的，但是在实际的情况中，很多理财产品的收益总是低于预期收益。其实这是很正常的情况，由于金融市场的不确定性，最终实现的收益跟预期有偏差是再正常不过了。但是，由于很多工薪族认为银行产品的预期收益就是银行给他们的承诺，所以，一旦出现了实际收益低于预期收益很多的时候，投资纠纷就会出现。

误区五：没有手续费就等于给自己省了很多钱。

很多银行的理财产品在办理的时候是免手续费，这让很多工薪族以为自己捡到了便宜，认为购买理财产品没有手续费就等于给自己省了很多钱。其实，很多理财产品虽然没有参与或者退出之类的费用，但是它们还是有产品管理费的。

误区六：认为保本的理财产品不管什么时候都是保本。

虽然有些理财产品名字叫保本产品，但它们的保本是有一定的前提条件的。如果我们没有持有到期，那么，我们是不能够享受到保本的权利的。有的产品甚至在提前赎回时需要扣除一定额度的本金，所以，我们在选择保本的理财产品的时候，一定要弄清楚保本的条件，不要想当然地认为所有的保本产品就是永远都是保本。

误区七：银行推出的最好的产品就是最值得投资的产品。

当银行的工作人员告诉我们：这是我们银行今年推出的最好的理财产品。每当这个时候，很多人就迫不及待地取出银行里的存款，买下银行工作人员推荐的理财产品。我们都知道，不管什么东西，只有适合自己的才是最好的。银行推出的最好的理财产品不一定就适合我们。毕竟不同的人有不同的风险承受能力，有不同的投资偏好，有不同的财富水平，有对市场不同的预期……所以，当银行的工作人员告诉我们

"这是银行推出的最好的理财产品"的时候，我们一定要看看适不适合自己，不要盲目地去购买理财产品，以免到时产生亏损的时候自己不能承受。

误区八：认为"提前终止"就是"提前赎回"。

有些理财产品在满足一定条件下就能够自动终止，一般在理财产品说明书上称为提前终止，就像有些产品在基础资产涨幅超过 80% 时，产品将自动终止。而提前赎回是投资者提出的申请，大多数的理财产品是不允许提前赎回的，因为每个产品都有一定的封闭期和赎回频率，这就决定我们必须在超过了封闭期和符合赎回频率的时候才能够赎回，而且，一般提前赎回时都需要支付一定额度的费用，所以，如果不是急需用钱，最好不要提前赎回理财产品。

第五节　薪水也能"金"光乍现

选择最适合你的黄金投资渠道

在当前全球经济不景气的形势下，各国的股市都处在一个下降通道中，显然，通过股票投资这种方式，投资者已经不能够像 2007 年那样轻易地获得收益。面对这样的情况，很多工薪族投资者开始把眼光瞄向了黄金投资这块大蛋糕。但是黄金投资的方式也有很多，是选择实物黄金投资还是选择纸黄金，是选择实盘操作还是选择 T+D 交易，林林总总的黄金投资渠道让我们这些普通的工薪族投资者无所适从。其实，不论任何东西，只有合适的才是最好的，黄金投资也是一样，我们不必追求跟别人一样，而是应该根据自己的实际情况进行选择。只有真正适合自己的黄金投资方式，才是最好的投资方式。

黄金投资的渠道主要有账面黄金交易、实物黄金、黄金饰品三种，黄金投资的获利渠道主要是"低买高卖"，低价位买进，高价位出售，从中赚取差价。

账面黄金交易主要指纸黄金。工薪族投资者所持有的是一张物权凭证而不是实物黄金，工薪族投资者凭这张凭证可随时提取或支配黄金实物。纸黄金的投资成本相对较低，同时避免了一直持有黄金的风险，且工薪族投资者入门较为容易，适合做中短线的操作。纸黄金在一般的商业银行都有专门的投资渠道，甚至可以做定投，所以对于中长线的工薪族投资者来说，纸黄金是最佳的投资渠道。

实物黄金比较安稳一些，就是用货币直接买入实物黄金，如买入金条或金币，它比纸黄金更保值一些。金币又有纯金币和纪念金币两种，纯金币一般带有面值，且金币的大小和重量并不统一，工薪族投资者可以根据自己的购买力来进行选择，变现也容易。纪念金币具有相应的纪念意义，因其稀缺度、铸造年代、工艺造型和金币品相的差异造成价格的差异。金条也分为投资型金条和纪念型金条两类。投资型金条是在普通金条基础上浇注出自己的品牌，价格升水不多，而纪念型金条则具有某一重大意义，会限量发行，有一定的收藏价值，价格升水较高。如果单纯投资，为了在金价上涨时抛出获利，建议选择投资型金条。如果想长期收藏，则可以选择纪念型金条。

而黄金饰品因其美学价值较高，则侧重于实用价值。从长期来看，在除却饰品这个消费功能后，黄金饰品本身自带的贵金属属性就会显现出来，从而使其具有了投资功能。黄金饰品投资主要用于长期投资或资产的保值。对于女性工薪族投资者来说，选择黄金饰品，平时的时候可以作为饰品来佩戴，而在必要时又可以对黄金饰品进行变现获得其保值增值功能。在投资过程中，应该选取哪种投资渠道就需要工薪族投资者对自己的实际情况进行分析。

如果是偏向收藏性的工薪族投资者，就要选择实物黄金中的纪念性金条或者金币，这样就可以在除却黄金的投资功能的同时，获得一定的收藏价值，在收藏品市场上获得投资收益。但是对于普通的工薪族投资者来说，还是应该选择投资金条（金币）或者说纯金条（金币），因为这种投资的实用性更高，能够更好地进行变现。就金条和金币来说，选择金条比选择金币的效果要好，因为金币的纯度没有金条高，价值一般也没有金条高。所以对于普通的工薪族投资者来说，选择纯金条是一个最佳的投资渠道。

刘建国是一家国企的综合部主任，业务爱好就是收藏古董。由于收藏古董所需资金多，所以他的真正藏品并没有多少，但是他仍是一如既往地每周前往古玩市场进行淘金。2008 年奥运会前期，各家大的黄金公司甚至官方权威机构都推出了自己的奥运纪念性金条和金币。这种金条金质较纯，基本上能够达到千足金甚至万足金，而且这种金条的外观十分精美，上面刻有奥运的会徽等，具有较高的收藏价值。于是在别人的建议下，刘建国果断地投资了这种纪念性金条，在获得较高的投资价值的同时还取得了良好的收藏价值，平时放到家中摆放也十分美观。

2009 年，全球性的金融危机爆发，我国也未能幸免于难，股市一片惨绿。在这种情况下，刘建国购买的这种纪念性金条的价格却直线飙升，这得益于金融危机下投资都转向了收藏品市场和黄金市场，造成了收藏品市场和黄金市场的火爆。这时，刘建国果断地卖出了手中的奥运纪念金条，获得了不菲的收入。

刘建国因为自己平时就喜爱收藏，所以在选择黄金投资时，果断地选择了具有收藏价值的奥运纪念金条，在获得自己所钟爱的收藏价值的同时也在金融危机的背景下获得了不错的投资收益。这完全得益于他选择了最适合自己的投资方式。我们这些普通的工薪族投资者在投资过程中也要正确地选择合适的投资渠道，以使自己获得最大的投资价值。

定投纸黄金，白领也能成为黄金大户

很多人都听说过基金定投这种神奇的理财方式，只要每月投入较少的资金，经过长期的投资，就能够获得不菲的投资收益。但是很少有人明白定投只是一种交易方法，而这种交易方法不仅可以用于基金上，也可以用于其他理财产品诸如股票甚至纸黄金上。而定投纸黄金的操作方式与定投基金类似，也是在每个月的固定时间固定地投入一笔资金用于纸黄金的购买，然后在未来的某一天直接将这些纸黄金卖掉赚取收益。通过这种定投纸黄金的方式，普通的白领阶层也可以成为黄金大户。

纸黄金是银行设立的"账户金"，以黄金账户存在的投资理财方式。工薪族投资者在购买纸黄金时，银行会按照市场价将工薪族投资者账户内的资金转换成一定重量的黄金，工薪族投资者最低购买数量为 10 克，当工薪族投资者卖出纸黄金时，银行再按照市场价格将一定重量的黄金折算成货币，买卖一次每克只收取 1 元的手续费。纸黄金的交易时间比较灵活，周一到周五 24 小时交易，让工薪族投资者可以全天候通过市场走势来把握时机进行操作。同时，纸黄金的交易时间是与国际市场挂钩的，由于时差的关系，国内的夜晚，正好是欧美的白日，黄金的价格波动会较大，工薪族就可以利用下班后的时间瞅准机会，买入或卖出。

而在我们进行纸黄金的定投时，就可以挑选一个固定的时间进行扣款，比如每个月的 10 日或者 20 日。就时间的选择来说，黄金的价格会在月末或者季度末的时候波动比较大，所以月末的时候并不适合进行定投，工薪族投资者可以选择在 20 日前进行投资。就金额而言，我们可以选择一个不太高的价格入市。一般来说，定投的最佳时间是始于熊市止于牛市，因而现在进行纸黄金的定投也是一个比较合适的时机。定投的数量上，我们可以选择每个月定投 1~4 克黄金，这样每个月投资金额就不会太大，对我们的生活也不会构成很大的影响。通过这样的定投，在 10 年之后，我们就有了 100~500 克黄金，如果每克 400 元的话，就是 4 万 ~20 万的资产。所以通过这种定投纸黄金的方式，我们这些普通的工薪阶层也可以成为一个黄金大户！

夏翔是北京一家外贸公司的后勤管理人员，月入 7000 元左右，是一个典型的白领。虽然月收入不少，而且夏翔也没有其他的诸如抽烟喝酒之类的不良嗜好，即使这样，夏翔每个月也没有资金结余。原来他有黄金癖，把收入结余都用来购买实物黄金。后来，一次偶然的机会，夏翔听说了纸黄金定投这种投资方式，于是进入纸黄金市场，选择于每个月的 18 号定投 2000 元的纸黄金。夏翔的纸黄金定投持续了 10 年，10 年后，他惊奇地发现自己手中的纸黄金已经达到了 1000 克，加上之前购买过的实物黄金，他手中的黄金持有量已经达到了 3000 克之多！他已经成了一个标准的黄金大户。

随之而来的经济不景气使大批的企业开始裁员，夏翔所在的外贸公司也未能幸免，夏翔就不幸地进入了第一批的裁员名单。全球经济危机的大背景下，找一个合适的工作谈何容易，夏翔无奈开始将手中的实物黄金进行变现。在这次变现中，他诧异地发现，尽管全球的经济越来越不景气，但是黄金的价格非但没有下跌，反而上涨了很多。通过这次变现，夏翔赚了一大笔。而就是通过这笔资金，夏翔度过了自己接近四个月的失业期，最终找到了一份合适的工作。

夏翔当时选择定投纸黄金的时候只是单纯地将其看作一种理财方式，但正是纸黄金定投投资收益帮助他度过了这次金融危机。我们不妨也用自己的资金结余做一个纸黄金定投，最终，黄金抵御通货膨胀的职能会给我们带来相当大的投资收益。

对于我们普通工薪阶层来说，投资黄金的投入较高，我们完全可以通过定投纸黄金这样的方式在实现较高的投资收益的同时实现自己的黄金梦。

长线持有最好买实物黄金

在我们选择了黄金这种具有抵制通货膨胀功能的投资工具后，我们还必须对黄金的投资方式进行选择。目前市面上的黄金交易方式有很多，有纸黄金交易、黄金饰品交易、纯金条交易、纯金币交易以及纪念性黄金等各种方式。其中纯金条或者金币和纪念性金条或者金币及黄金饰品交易因其具有实物形态都被称作实物黄金。具体如何选择，我们要根据自己的投资期限及实际情况做出选择。比如，如果我们是短线操作赚取价差的话，那么我们最好还是选择纸黄金这种便捷的交易方式，这样可以避免来回携带实物黄金，同时还能减少手续费。如果我们是做中长期投资，那么投资实物黄金才是最佳的黄金投资方式。

实物黄金主要是指以具体的实物形态存在的黄金品种，主要分为饰品金、收藏金、投资金三大类。三大类又根据黄金本身形态的不同分为各种小类，如投资金条、纪念金币等。

饰品金即黄金首饰，如金项链、金戒指等，价格为黄金基准价加上首饰设计加工费。收藏金即具有特定收藏纪念意义的实物黄金，其价格在黄金基准价基础上再加上一定的加工费，如"中银吉祥金"，其主题图案"吉"字出自初唐四大书法家之一虞世南之笔墨。"吉"字内衬祥云底纹，外缀蝙蝠角饰，蕴含"天赐祥瑞，福佑四方"之祥福祈愿。这款金条尽显高雅蕴秀的艺术气息，极具收藏价值。投资金即一般的实物黄金，也被称为纯黄金，其价格与黄金基准价非常接近。

在价格表现上，一般来说饰品金的价格大于收藏金的价格，收藏金的价格大于投资金的价格。在具体产品的选择上，工薪族投资者应该根据自己的不同需求，购买相应的实物黄金产品：馈赠送礼的可以选择饰品金、收藏金，投资收藏的可以考虑投资金、收藏金，单纯地以黄金作为资产配置的可以选择投资金。

长线工薪族投资者投资黄金所把握的是整体的趋势性而非交易性机会，因而应该选择风险较小的中长期产品。纸黄金虽然交易手续费较实物黄金便宜方便，但是就风险性来说，由于纸黄金是各家银行或者是代理公司推出的，一旦它们倒闭，工薪族投资者的纸黄金投资将面临着巨大的风险，可能连本金都不能收回，也就更谈不上收益了。实物黄金则不存在这种问题。投资实物黄金的时候采取的是一手交钱、一手交货的方式，在我们付款的同时，我们就已经得到了所投资的黄金实物。即使随着时间的推移，我们当时选择投资黄金的代理机构出现了破产倒闭的风险，由于我们已经持有实物黄金，不但我们的黄金投资没有任何损失，而且，我们依旧能够获取黄金投资所带来的投资收益。

郑天宇与李鹤鸣同在一家公司，两个人都于2008年股市低迷的时候退出了股票市场，转而选择黄金投资这种保守型的投资方式来抵御经济危机。时值北京奥运会前夕，各家银行都相应地推出了奥运系列的纪念金条，而郑天宇平时就对体育比较有兴趣，而且觉得北京奥运会具有划时代的意义，加之他平时就有收藏某些纪念品的习惯，所以郑天宇就果断地将资金投入到某家国有商业银行推出的奥运纪念金条上，并且打算做一种较长期的收藏性投资。而李鹤鸣觉得奥运纪念金条比一般的黄金多了加工手续费，价格高不说，还不实用，他觉得纸黄金具有更大的操作价值，所以他就把资金全部投入了一家海外代理机构所推出的纸黄金交易系统中。

到了 2012 年，市场行情依旧不好，在大盘屡创新低的情况下，郑天宇和李鹤鸣终于觉得股票市场的一波大牛市就要来了，所以决定重新杀入股市进行抄底，以在接下来的大行情中狠赚一笔。郑天宇于是去银行将自己的实物黄金进行了兑换，虽然今年的价格比 2008 年高出不多，但是由于现在的利率水平低，而且通货膨胀率高，所以他投资的实物黄金的绝对收益还是不错的。而李鹤鸣在赎回自己的纸黄金时发现了问题，他当时选择的那家海外代理机构已经在 2008 年年底金融危机最疯狂的时候倒闭了。由于是海外的代理机构，所以破产通知是在海外的报纸上公告的，李鹤鸣并不知情，直到今天进行赎回才发现该机构已经破产，自己的那些纸黄金投资也就血本无归了。

李鹤鸣到此刻才明白自己当初选择的错误，造成了如今的满盘皆输的局面。

李鹤鸣当初选择投资纸黄金的时候考虑到了投资的手续费、保管费甚至纸黄金的转换等一系列问题，但是独独忽略掉了最重要的一条，那就是投资时间。投资时间对于任何一种投资都是十分重要的。投资时间不同，我们所能选择的投资产品也就会有所侧重。就像郑天宇知道自己将进行一个长期投资，而同时奥运纪念金条又具有一定的收藏价值，所以他就直接选择了这种方式，而之后不论市场如何风云变幻，郑天宇都不会再为自己的投资担惊受怕了，这就是"手中有粮，心中不慌"。

因而，对于我们这些辛辛苦苦赚取工资的工薪族来说，在投资黄金的时候一定要先确认自己的投资时间，如果是长期投资，那么一定要选择实物黄金这种方式。

黄金大道上的陷阱

虽然黄金具有保值增值的功能，同时也能很好地抵制通货膨胀，但是任何投资都是有风险的，黄金投资也不能例外。只是相较于其他的投资而言，黄金投资的风险小一点。但是，在黄金投资这条大道上，其实也隐藏着许多隐形的陷阱，如果我们没能及时发现，掉进了这些陷阱中，那么等待我们的将是巨额的亏损。

陷阱一：高风险的保证金交易。

黄金的保证金交易就是指工薪族投资者在购买黄金时并

不需要所购买黄金价格的足额的资金，而只需要投资其中的10%~30%。比如说，工薪族投资者购买100克黄金本来需要20000元，但是通过保证金交易，工薪族投资者只需要交纳2000~6000元的保证金就可以购买到100克黄金，这实质上是一种杠杆交易。通过保证金交易，如果工薪族投资者的交易方向正确，赚取了利润，那么利润就会被放大至相应的杠杆倍数，但是同样的，如果工薪族投资者的投资方向错误，投资发生亏损，那么这种亏损的数额往往也会成几十倍地被放大。这就很可能通过一次错误的交易就使我们所有的资金全部亏损，是一种极高风险的交易方式。

对于我们这些工薪阶层的投资者来说，我们的钱都是辛辛苦苦积攒下来的，我们投资黄金的目的也是获得比银行储蓄高的利息收入。但同时，我们本金的安全是第一位的，而黄金的保证金交易却使我们的投资风险几十倍地放大，而这种被放大了的风险已经远远超出了我们的承受范围，最终我们可能就会被这样外表光鲜亮丽的黄金保证金交易给迷惑了，在黄金投资这条大路上掉进了保证金这个巨大的陷阱里头。

李婷婷是一家销售公司的公关经理，在一位朋友的介绍下开始炒黄金进行投资。这位朋友为她推荐了一家海外公司的黄金交易机构，并且告诉她，可以为她争取到一个相当高的保证金杠杆，能达到50倍。李婷婷有点担心，因为高收益必定面临高风险，所以有点犹豫。但是这位朋友接着告诉她黄金投资都是有内幕的，而他可以给李婷婷提供这种内幕，保证赚钱。李婷婷还是有点犹豫，于是这位朋友建议她先拿出一小部分资金来试一下。

于是李婷婷投资了3万元进行黄金投资的试水。通过保证金交易，李婷婷的3万元资金可以买卖接近150万元左右的黄金。在资金到账后的第一天的16：00，这位朋友给李婷婷打来电话让她买入150万元黄金，同时在18：00的时候又打来电话让卖出，进行获利了结。李婷婷跟着操作了，而仅仅通过这次操作，李婷婷的3万元的本金立刻变成了6万元，投资收益为100%，而这仅仅是两个小时的时间！

李婷婷被这种突如其来的大收益砸昏了头脑，认为黄金保证金这种交易方式果然能够赚取大钱。于是，当她的这位朋友再次打来电话让追加资金时，李婷婷毫不犹豫地将手中的10万元全部投到这个保证金账户里头，她已经梦想到这些资金在几天后变成 20 万元甚至 100 万元了。

但是，在李婷婷追加投资后的第二个交易日，当她打电话询问操作建议时，她的那位朋友的电话却怎么样都打不通了。而此时，李婷婷诧异地发现这家黄金投资公司给自己的"正版"交易软件出现了死机不能进行操作，而自己的保证金账户也被冻结了。李婷婷这才明白自己是上了那位朋友的大当。

像李婷婷这样的工薪族投资者还有很多，前期的时候黄金投资公司会让你先投入一点资金试试盘，然后在获得一定收益后就告诉你这种方式是可以挣到大钱的，让你追加投资。一旦你追加了投资，那么之前的电话便再也打不通，黄金投资公司给你的交易软件也会无法交易，最终造成血本无归。

我们选择黄金投资，一定要通过正规的黄金交易公司进行，在现场查看这些经纪公司的营业执照。一旦掉入了黄金保证金交易这个陷阱中，即使我们没有像李婷婷那样被骗，而是选择了正规的交易公司，其中蕴含的巨大风险也是我们所不能承受的。

陷阱二：电子黄金网上非法集资。

在现在工薪族投资者的投资花样日渐增多的情况下，一些骗子也开始与时俱进，采用网上电子交易方式开始电子黄金的网上非法集资。目前非法集资的情况复杂，表现形式多样，有的还引用"电子黄金""电子商务""投资基金"等新概念，手段隐蔽，欺骗性很强。它盗用了外国公司的一些名义，把自己打扮成网上电子黄金投资公司，好像是挺悬乎挺神秘的。其实这正是利用工薪族投资者的求富心理让其觉得自己获得了一个挺好的机会，不投资就错过。这种电子黄金的网上非法集资正是工薪族投资者在黄金投资的道路上碰见的第二个陷阱，工薪族投资者一定要加以警惕，避开这个陷阱。

除了上述两种主要的陷阱外，在投资黄金的大道上我们还会碰到诸如奥运纪念金条的不正规、黄金首饰的纯度不纯等各种各样的陷阱，这些就需要我们在黄金投资的过程中引起警惕，凡事多留个心眼儿，多观察观察，然后再做出投资决定，以成功地避开这些陷阱，顺利地到达黄金投资这条大道的终点。

第五章
堵漏：别让钱从指缝中溜走

第一节　揪出造成财务危机的杀手

嫉妒心使人失去判断力

对于金钱的追逐是每一个人的天性，在诱人的物质财富面前，很多人变得理智全无，变得丧失判断力。看到别人成功的投资故事，除了嫉妒别人，也幻想着自己能够跟他们一样幸运，也能够一夜暴富，甚至幻想着能发生不劳而获、天上掉馅饼的好事，以致失去了判断力，最终输得倾家荡产。

王嘉明在休闲时间，会在自家附近的彩票站买买彩票，但是，他也知道那就是赌运气，十赌九输的事情，所以并没有把心放在上面。对于他的这种以"游戏"心态购买彩票的行为，他的一个非常要好的同事很是不以为然，认为他纯粹是"钱多了没处花"才干这种事的。

有一次，这位同事到王嘉明家里玩。两个人从那家彩票站旁边经过的时候，王嘉明一时兴起，硬是要求他的同事购买一次彩票。没想到他的这位同事一买就中了10元，而王嘉明一连买了5张都没有中奖。不甘心，王嘉明又鼓动他的同事再买一张，没想到这一次竟然一下子就中了2000元。

这让王嘉明心里更加不舒服了，对于同事的好运非常嫉妒。从那个时候开始，王嘉明购买彩票的次数越来越多，金额也越来越大，很快就将自己积累的钱都赔了进去……但是王嘉明并没有就此停手，相反越买越上瘾，他想同事那么随便就能够中千元大奖，自己不可能就那么不走运。为了能够像同事那样中大奖，他还向朋友们借钱买彩票，结果几年下来，不但辛勤工作挣来的积蓄全无，甚至还负债几万元。

如果没有同事的中奖"事件"，如果王嘉明不嫉妒同事的好运，想必王嘉明还是会跟以前一样，就是在休闲时间买彩票玩玩，也很清楚地认为彩票就是赌运气，十赌九输的事情。那么在这样的认知之下，相信王嘉明不会把自家的所有积蓄都拿出来买彩票，最后落得负债几万元的下场。可以说，王嘉明的下场都是他嫉妒心理作祟的结果。因着嫉妒心，他也想像同事那样拥有好运，从而失去了自己的判断力，使自己一下子就栽进了负债的窟窿里面。

其实在投资的时候，看到别人轻易就能够赚大钱，很多人在羡慕之余也很容易嫉妒这些人。

而嫉妒之心又会使他们丧失冷静、谨慎甚至理智，而这些又是成功投资的必备品质。一旦他们有了嫉妒之心，就会跟王嘉明一样，变得鲁莽、冲动、激进甚至失去理智，失去原本具备的基本判断力，从而给自己的投资活动带来巨大的亏损。

所以，为了不让嫉妒之心成为我们财务的杀手，我们要做到，不管在什么时候，都坚持自己的投资理念和基本原则，不去羡慕别人的投资成果，不去眼红别人的投资利润，只专注自己的投资。别人的得失跟自己无关，随时保持理性，抓住能抓住的机会，不要妄图抓住所有的机会，这样我们就不会迷失自己，不会失去自己原本的判断力，更不会赔光自己的所有资产。

远离盲目和贪婪，才能拥抱高收益

彼得·林奇曾经说过："动用你 3% 的智力，你会比专家更出色。"成功的投资者之所以能够成功，在很大程度上依赖于他们的自主。大部分投资失败的人都是因为盲目跟从，这些人在盲目进场之后又贪婪地想要拥抱高收益，所以"赌"得都非常大。一旦"赌"错了，自己就变得一无所有。所以，如果想要拥抱高收益，我们就要远离盲目和贪婪。

王静怡是一名导游，平时因为工作很繁忙，根本就没有关注任何的投资市场。但是，在 2006 年的时候，她看到朋友投资赚了不少钱,,日子也过得风生水起,她就动心了之后，便辞去了工作专门折腾投资。在没有了解任何的投资理财知识的情况下，王静怡就进入了投资市场。当时的市场行情一直在往上走，账面上的收入也很不错，这让王静怡迷失了自己，忘记了风险。为了赚到更多的钱，王静怡不断地往里面投钱，手上的基金 80% 是指数、股票型基金。大家都知道，在 2006 年、2007 年这些基金的行情非常好，每天的净值盈利都非常可观。所以，王静怡就把自己所有的资产都投进了这些基金里面。后来指数下滑，但是王静怡还满怀希望，认为某一天指数终究还会扭转的。当指数走到了一千多点的时候，她还是没有撤资，仍抱着很大的希望，结果她连本金都没有拿回来。

王静怡在进入市场的时候，根本没有了解投资市场是什么状况，自己也没有进修一些投资理财的知识。只是因为当时的整个投资行情都非常好，她是"瞎猫碰上了死耗子"。但是这样好的投资行情让她变得贪婪了起来，把自家的所有的资产都投了进去。在指数下降的时候，她还是盲目乐观，还想赚到更多的钱。由于盲目和贪婪，让她最后连本金都没有拿回来。

当一只股票、一个行业或一个共同基金突然落到聚光灯下，受到公众瞩目时，大量民众都会冲向前去。麻烦就在于，当每一个人都认为这样做是正确的并做出同样的选择时，那么就没有人可以获利。在 1999 年年末的《财富》杂志上，巴菲特谈到了影响大量牛市投资者的"不容错过的行动"因素。他的警告是：真正的投资者不会担心错过这种行动，他们担心的是未经准备就采取这种行动。

投资市场并非零和游戏，也不是只有从别人的口袋中掏钱才能盈利。"战胜市场、战胜庄家、战胜基金"是热门投资书籍经常提到的字眼，而投资市场真正的敌人却很少有人提及。实际上我们在投资市场中唯一的敌人是自己，盲目、贪婪，没有目标，没有信心，没有耐心，没有勇气，这些才是我们最大的敌人。深度解剖并清晰地认清自己，战胜人性的弱点，我们就能所向无敌。

想要拥抱高收益，就要远离盲目和贪婪。

保持理性，也就保住了 10% 的平均收益

我们投资的项目并不会总是如我们所愿一直保持直线上升，它的行情总是会有上涨、下跌的波动。当然，这些变动并没有准确的时间规律，这就让很多工薪族不敢出手投资。其实，如果我们能够保持理性，我们是能够保住 10% 的平均收益的。

王立伟在一家金融机构工作，由于工作需要，他一直跟踪一只主动式管理基金的行情。在他收集的资料中显示，这只基金在过去 20 年内，扣除各项税费后的年均净收益率达

到 10%。在这 20 年中，这只基金有赔钱的阶段，也有赚钱的阶段。尽管有涨有跌，有直线有曲折，它还是实现了 10% 的年均收益率。

不过王立伟发现，并不是所有投资这只基金的人都能够得到 10% 的收益。当这只基金连续几年业绩不佳时，大多数人赶紧抽离资金。但是因为不佳业绩已经持续了几年了，当他们抽离的时候他们的收益往往没有 10% 这样高，有的甚至以赔钱赎回。当他们刚刚离开，这只基金的行情就慢慢好转。这个时候他们一般持观望态度，直到这只基金表现超凡时，他们才会手忙脚乱地往里投钱，但是已经错失了最佳的赚钱时机了，而那些一直保持了理性的投资者就拥有了 10% 的收益。

从王立伟收集的资料中，我们可以看到，广大的投资者总是跟着投资市场的起伏进出市场，而这样的做法就会让他们错失最好的赚钱时机。而那些保持理性，不在意投资市场短期波动的投资者，长年坚持下来，总是能够得到一个不错的平均收益率。

确实，不管在哪个投资市场，如果我们计划进行长期投资的话，就需要面对价格的短期波动问题。很多人因为缺乏长远的战略眼光，一旦市场价格出现波动，便受惊般地选择离手，其实这是一种不理性的表现，很多情况下价格波动都是暂时现象，只有长期持有才能保证投资者的利益最大化。

以炒股为例，利润的最大化和风险的最小化可以说是股市操作中的最大追求，也是炒股的最高境界，同时如何实现这二者的统一，获得最高的投资收益，也是我们每一次操作要实现的最终目标。一方面投资者可以通过严格止损等方式来使我们的风险最小化，但是怎样才能够实现利润的最大化呢？实践证明只有"长线持有"才是能够使利润最大化的有效方式。美国股市有这样一个故事，深刻讲述了频繁交易的巨大弊端。

一位投资者交易标准普尔100指数期权（通常称为OEX指数）上瘾。三年期间，该投资者平均每日交易2~5次。他每年平均损失10000美元。当监管部门停止其行为时，该客户最大的失望不是因为赔了钱，而是因为不能维持最低2000美元股票的保证金账户，被迫关闭账户。

　　据经济学家统计，目前股市中有超过 60% 的投资者是处于亏损状态下的，但是从具体操作情况来看，他们都曾经在股票投资中获得过成功，捕捉到过黑马，可是为什么最后还是亏损了呢？其中最主要的原因恐怕就是没能够长线持有。因此在我们的操作过程中要保持理性，不要那么在意市场的短期波动。

　　要想得到比较好的收益，我们就要保持理性，克服自身性格上的缺点。很多人在操作之前原本是打算长线持有的，但是在经过一些小的获利之后，由于种种不利消息的渐渐出现，想到已经获利在手了，还是落袋为安。投资大户们往往通过刻意制造故事的烟雾，使我们因为自身内心的恐惧，因此匆忙地就全身而退了，因此也与更大的财富失之交臂。另外，还有一些人是因为自己的耐心不够，定力不足，分了一杯羹就心满意足，打一枪换一个地方，这也不是投资理财的良好心态。但是，鼓励大家长线持有是建立在对市场正确的判断的基础之上，并不是要大家一条道走到黑。

　　如果发现行情将要反转，或者是跟进止损已经到位时，也要果断离场。国内外的所有纵横股市多年、长盛不衰的投资大师们，恐怕没有一个是以短线出名的，以前没有，恐怕以后也不会有。因此，在进行投资理财的时候，保持住自己的理性，才能为自己赢取更多的资产。

投资领域诱惑多，理性抵制是关键

投资是通往财富之城的必由之路，在这条道路上有许多闪闪发光的金砖，很多人就会利用大家都想要得到这些金砖的心理来诱惑我们。而在现实生活中，有些人往往会因为不谨慎思考或贪图"天上掉馅饼"而陷入这样的诱惑之中。一旦我们不小心进入其中，资金打了水漂不说，甚至还会弄得倾家荡产。

孙老先生的钱就是因为抵挡不住诱惑而败光的。

孙老先生之前在一家事业单位工作，由于年轻时勤俭持家，退休之后的资产比较可观，过着幸福和乐的生活，但是这种生活并没有能够持续下去。一天，有一位年轻女孩递给他一张小广告，上面说投资一种名为"超净煤"项目的话，就可以获得高额返利。那位女孩当时告诉他，投资这个项目的话，一年可以返利10%，三年可以返利15%，最高年返利17%。这样高额的投资回报，让孙老先生立刻动了心。

在他看来，如果把自己的资产都投资这个项目的话，坐在家里就可以年收入 20 万~30 万元，于是孙老先生倾其所有向这家公司投了钱。但是，到年底的时候，孙老先生没有等到自己应得的回报，就主动联系当初给自己办理投资手续的女孩，却被告知由于企业经营不善，公司已经申请破产了，没法返还孙老先的款项。

为了拿回自己的资金，孙老先生选择了报警，但是他被告知他参加的是一起非法集资，而参与非法集资活动受到的损失应由参与者自行承担，法律不予保护。孙老先生的所有家产就这样白白消失不见了。

如果孙老先生当时没有受到高回报的诱惑的话，他就不会参加这样的非法集资，自己丰厚的资产也不会就这样白白蒸发了。如果他能够保持理性的话，在那位年轻女孩拿着广告推销的时候，他就应该能发现这个投资项目的不正常的地方，自己也就不会那么轻易上当了。要知道，在投资领域，对于我们这些渴望飞速投资致富的人来说，诱惑是非常多的，只有理性抵制住才是保证我们资金安全的方法。

要想自己能够抵制住这些诱惑的话，首先要学会以怀疑的态度面对任何投资机会。在面对一个非常诱人的投资项目时，先问自己一个最基本的问题：有这么好的事情，他们为什么自己不干？难道天上真会掉馅饼吗？在选择一种投资方式之前，一定要问自己以下六个方面的问题。

（1）是什么"人"卖产品？这个"人"有信誉吗？我们这里说的"人"是"法人"，就是我们常说的公司、企业。除了政府批准设立的金融机构，如银行、保险公司、基金公司、证券公司、信托公司等，对其他的"法人"都不能轻信。

（2）他拿我们的钱干什么去了？有人监督资金使用吗？他靠什么赚钱？我们希望有"有公信力"的机构监督资金的使用。拿我们钱的人不仅要有赚钱能力，还要有完全合法的赚钱途径，否则我们就不可能赚钱。

（3）我买到了什么？我赚什么钱？我赚钱有保证吗？我能否赚钱首先取决于他能否赚钱，其次取决于他能不能分给我钱。

（4）投资收益率合理吗？过高的投资收益率基本上都是不可信的，比如每年30%以上。

（5）我一旦不想要这个产品了，能卖出去吗？这是要解决投资的流动性问题，一旦没有市场出售，不就赔在自己手里了吗？

（6）如果产品卖不出去，我能留着自己用吗？这是投资的底线，最起码产品还有使用的价值，否则这笔投资就赔到底了。

在考察任何一个投资项目时，都应当问自己这六个问题，如果某一个问题的答案是否定的，就要慎之又慎，如果有两个问题的答案是否定的，就一定不能进行投资。当然，为了正确回答上述问题，要进行一些调查研究，收集一些资料，作为决策的依据。总之，我们要提高警惕，理性抵制诱惑，别让自己辛辛苦苦挣来的钱一夜之间化为乌有。

第二节　躲开理财顾问的"糖衣炮弹"

小道消息不可靠

如今的时代是一个信息爆炸的时代，各种数以万计的信息向我们迎面扑来，信息化的今天让我们告别了以往信息闭塞的年代，我们可以轻松地通过媒体、网络来获取我们所需要的信息。在这样信息畅通的环境中，我们都不可避免地面对各种各样打着内部权威人士发布的"内部消息"。

要知道，这些小道消息往往都是子虚乌有，或者是些另有所图的人发出的烟幕弹，所以，我们在投资理财的过程中不要轻信那些小道消息。

美国第一位通过炒股成为百万富翁的人名叫伯纳德·巴鲁克，在他年轻的时候已经是证券分析员了，他明白一个道理并多次对炒股新手建议：买股票前，要对公司进行详尽的研究，做足必要的专业准备。有一次，他瞄准了一家炼糖公司，并对这家公司的前景进行了彻底的研究。在对各类事实和资料作了精心分析之后，他对这家公司将来会有什么变化有了自己的判断。终于，一次机会来临了，他赚到了6万美元，这是他赚到的第一笔钱。正当这位年轻人试图凭借所得的6万美元利润大展宏图的时候，机会来临了。他得到了一则内部消息：一家烈酒酿造公司的股票值得买进，因为该公司的老板私下表达过这样的观点，或者说，一个比他自己更接近老板的人告诉过他，曾经亲耳听到老板这样说过。年轻人相信了这则消息。这家公司是全美规模最大的烈性酒制造商和销售商，而且这家公司与其他三大烈性酒酿造企业合并的消息甚嚣尘上，他便把所有的钱都投了进去。最后，他赔光了家底，用他的话说："这是我一生中最大的损失。"

由此可见，在辨别信息真假的能力上，就连投资大师也会栽跟头，更何况我们这些普通的工薪一族呢。

那么，在投资理财的过程中，我们要怎样处理各种投资信息呢？在投资理财初期，最应建立起属于自己的信息系统，依据信息做出正确的决策，最终培养出自己的投资策略。

无知者无畏，在投资领域亦如此。很多人在投资之前，往往对所投资的产品知之甚少，甚至根本一无所知，他们或者用心聆听所谓"股神""专家"的"谆谆教导"，或者深信亲朋好友的"金玉良言"，盲目地买入和卖出，以赌徒的心理期待奇迹的出现，结果只能是少数人看到了微弱的阳光，而大多数人葬身于茫茫海底。

世界上最伟大的基金经理彼得·林奇曾说："个股飙升或暴跌背后总有某种理由，那种信息是可以清晰明显地找出来的，而且也经常是充足的。"在现今这种信息资源丰富的环境下，我们可以获取那些从前只为华尔街资深分析师提供的数据资料，必须找到一种最适合自己的投资模式和投资风格，并将其坚持到底，这是我们炒股伊始必须形成的观念。

所以，我们应该听从彼得·林奇的教导，在投资理财的过程中勤奋一点，打造属于自己个性的投资策略，不要相信那些小道消息。

稳赚不赔，包退款

工薪族每个月的工资都不高，每一分钱都是自己的辛苦钱，这就让广大的工薪族在理财的过程中都会偏向于稳健一点的投资产品。所以很多理财顾问也就根据这个特点，在向我们推荐理财产品的时候总是会以"稳赚不赔""包退款"之类的条款来诱惑我们。那么，真的有稳赚不赔、包退款的理财产品吗？

据媒体报道，2010 年，上海一中院及其辖区法院受理银行理财产品纠纷案件有 80 余件。该院金融庭表示，这些案件的纠纷主要是因为银行理财产品存在销售过程中夸大收益、回避风险、推销产品不分对象等问题，而且起诉人绝大多数是客户个人，他们大多亏损严重，甚至血本无归。

从上面的资料中，我们可以看到，在现实生活中，为了能够把产品推销出去，很多理财顾问在介绍或者推荐产品的时候会夸大投资回报，并且故意回避风险。给我们造成的印象就是：投资这款理财产品稳赚不赔，即使亏损，也能够保证自己的投资本金，就相当于包退款一样，这样，大家就可以放心大胆地投资这些产品。很多人由于过于信任理财顾问，根本就没有看投资产品的说明书，而大部分的理财顾问是不会主动告诉我们那些不利的条件的，王志奇就遇到过这样的事情。

王志奇在 2011 年 10 月份去银行柜台取钱的时候，该银行的业务员看到他有超 1 万元的资金以活期存款的方式存在银行里，于是建议他换成定期存款的方式或者是购买理财产品，这样获利都比活期存款高。王志奇有点心动，就咨询了理财产品的情况，那位业务员就给他介绍了一位理财顾问。

这位理财顾问在了解了王志奇的一些个人情况之后，就给他推荐了一款理财产品。他说那款理财产品起存 5 万元，年利率在 4.38%~8.08% 浮动，并且免税。当时银行一年定期利率是 3.5%，还要交利息税。比较之下王志奇心动了，把自己这几年工作积累的 17 万元都购买了这款理财产品。

2012 年 9 月的时候，有一个资深理财的同事跟王志奇聊起理财产品的事情，正好说到王志奇购买的那款理财产品。于是，王志奇就问这位资深理财同事对这款理财产品怎么看，能不能得到 8.08% 的利率。这位同事毫不迟疑地否决了。他说："不可能。这款理财产品是非保本浮动型收益理财产品，在产品协议上是明确写明收益不保、本金不保的，4.38%~8.08% 的浮动利率只是银行的预期收益率，并不能保证最后就是按照这个范围来算的，一切都得以市场为主。而且，这款理财产品主要是由投资公司打新股，但从 2011 年开始有七成的新股都破发，你想利率还能高吗？"王志奇想想也是，刚好最近需要钱，正好把这笔钱取出来，免得亏更多。

周末一大早，王志奇就去银行终止委托理财协议，但是被告知一年期理财产品到期前不能返还理财款项。他非常生气，就说当时的理财顾问并没有说理财产品不到期不能取钱。银行方面说，当时王志奇也没有就这方面的事情咨询理财顾问，而且产品说明上也说得清清楚楚。王志奇只好自认倒霉，一直等到产品到期。结果该理财产品只能以 2.4% 年利率计息，只有 4000 多元，远远低于一年期的定期存款的利率。面对这样的理财结果，王志奇后悔不已。

从王志奇的经历中，我们可以看到，理财顾问在给我们介绍理财产品的时候并不会为我们提供全面的信息，他们只会挑一些能够吸引我们的条款对我们进行说服，以有利条件诱惑我们购买，一旦亏损就会把责任归结于我们没有仔细看产品说明书。所以，不管面对的理财顾问是熟悉的还是陌生的，我们都不能把自己的资金全都交给他。我们要对自己的理财负责，学会自己看懂理财产品说明书，谨记任何投资都是有风险的。

如何识破理财顾问那些小伎俩

当我们走进一家银行或者一家金融服务公司，表示自己想要投资理财，而我们的表现又显得是一名新手的时候，我们就可以感受到那些理财顾问抛给我们的"糖衣炮弹"。这个时候，如果我们没有识破那些理财顾问的"糖衣炮弹"，我们就有可能"中弹"，乖乖地把自己的钱掏出来投资那些理财顾问推荐的理财产品。

要知道，理财顾问就是以替别人投资理财出谋划策为职业的，他们的酬金通常是根据所投入资金总额的百分比计算的。因此，投资他们所推荐理财产品的资金越高，他们的工资也就越高。为了自己的收入，他们总是想方设法地吸引投资者多投资一点资金，而对于我们的投资结果，他们是不能保证的。为了能够保护自己的资金安全，我们应该学会识别那些理财顾问的"糖衣炮弹"，那么，他们的"糖衣炮弹"都有哪些，他们会使哪些小伎俩呢?

1. 使用"一夜暴富"的故事利诱

一夜暴富，谁不希望自己在一夜之间就变成了富人呢?特别是我们工作特别辛苦的时候，就会希望自己能够有一个好的运气，让自己一下子发大财，就不用再干这些累死人的工作。正是因为那些理财顾问了解到我们的这些心理，在介绍投资产品的时候，就会讲"一夜暴富"的故事来诱惑我们，让我们也产生"赌"一把的想法，从而达到他们请君入瓮的目的。

2. 强调"零风险高收益"

"零风险高收益"这句话听起来很可笑，但它迎合了很多人迅速发财致富的心理。理财顾问正是顺应这部分人的需求，制造出所谓"零风险高收益"的投资理财项目。为了增加这些项目的可信度，他们有时候甚至会在项目中引入第三方"担保"，从而让投资者彻底放心，而担保人表面上是某某担保公司，实际上就是他们内部的人。

3. 先给点"甜头"

理财顾问们利用我们总想赚"快钱"的心理，在非常短的时间里让我们获得所谓的"收益"，从而消除我们的疑虑，增强我们的信心，诱使我们敢于"倾囊而出"。

4. 披上"公办"的外衣

理财顾问们在介绍投资理财产品的时候，会尽量地把项目跟国家、公办挂上钩，从而增加我们对投资项目的信任度，比如托管造林的项目就极力宣传"托管造林"的模式是响应中央号召，是国家鼓励社会主体参与林业建设和投资的新模式，从而达到欺骗我们的目的。

5. 虚张声势

理财顾问们大都会对投资产品的公司进行过度包装，经常以"大公司""集团公司"的面目出现，号称注册资本数千万元或上亿元，业务涉及多种产业。反正我们也不可能查到这些公司的内幕消息，所以他们就会虚张声势，骗取我们的信任。

6. 创新项目或海外项目

创新项目意味着我们没有地方去调查和比较，难以获得充分的信息。海外项目也是一样，普通投资者根本无从查询，他们想说什么就是什么。

总之，理财顾问总是想方设法争取我们对他们自己、对投资理财产品的信任。一旦我们接受了他们的说法，那么，我们的钱就不属于我们了，一切都会听从他们的指挥了，因此，我们在面对理财顾问的时候，一定要警惕他们的甜言蜜语，保持理性，做出适合自己投资理财的决策。

寻找最适合你的理财顾问

虽然理财顾问不在乎我们的利益，但是我们因为自身的限制，没有空闲时间，或者缺乏专业知识，在投资理财的过程中还是会跟理财顾问打交道。一个适合我们的理财顾问，深谙投资知识，那么，他必然能为我们的投资理财起到很大的助力。倘若有一个人能时刻为我们出谋划策，我们投资成功的概率自然也就增加了。

为什么这样说呢？因为符合这样条件的理财顾问一般都可以为我们提供下面的服务，而这些服务确实可以为我们的投资理财做出正确的决策提供依据。

1.对客户的资金情况进行评估

理财顾问在对我们的财产进行规划建议前，肯定要进行一番评估，这些是他分析的前提。

2. 检视我们的投资组合

一般理财顾问可以为我们定期审查投资组合，以判断我们的投资组合表现如何。若不符合我们的投资计划，就会积极调整投资策略。

3. 帮助我们买卖证券和股票

理财顾问在投资理财的过程中，起到的是辅助的作用。他帮助我们买卖证券和股票，给我们提供各种建议，而在买卖证券和股票的过程中，最后拿定主意的还是我们，若是不能获得我们的同意，交易是不能进行的。

4. 为我们的投资提供建议

有时候，由于市场条件的改变，我们的投资策略可能也需要随之而改变。这时，理财顾问就会根据我们的情况，为我们提供一些建议，以平衡我们的投资组合。

既然理财顾问能够为我们提供这么多的服务，对我们的投资理财也能够起到很大的作用，确实也解决了我们没有那么多空闲的时间来关注市场，打理自己的投资组合的事情，那么，找到一个适合我们的理财顾问对我们的理财成绩也是非常重要的。那我们应该如何找到最适合自己的理财顾问呢？我们应该从下面的几个方面来选择理财顾问。

1. 从业资格证明

作为一个理财顾问，应当拥有相关资格证书，以证明他专业人士的身份，因此我们要注意他是否拥有从业资格证明。不过，现在理财方面的资格证书品种很多，各个证书的含金量也不尽相同，仅从表面上看，一般人根本分辨不出差别，所以，我们要仔细观察，挑选那些国际上比较认可的证书。

2. 实战经验

对于理财顾问来说，"纸上谈兵不如实战经验"。专业知识固然是鉴定一个人是否是合格理财顾问的标准，但实战经验更是鉴定他是否是一个好理财顾问的标准，它将体现一个理财顾问在业务中的能力。因此判断一个理财顾问是否能为我们提供更好的服务，就看他的理财经验如何。

3. 人品和职业道德

这两点对于理财顾问来说尤为重要。理财顾问的各种建议对于我们的财产都有很大影响，而他是否能克服工作压力，为我们提供合理的建议，并遵守自己的职业道德，便能证明他是否是一个真正值得信赖的理财顾问。

通过上述标准，在选择了一个最适合的理财顾问后，我们也应当注意一些事项。例如，要掌握自己的财务状况和个人理财目标，并多和理财顾问沟通，如果有什么意见和想法要及时向理财顾问反馈。这样，在双方良性的互动下，理财顾问才能更有针对性地为我们服务。

不过，我们不能过分依赖理财顾问，由于涉及高额报酬，理财顾问也可能会出问题。所以，在做决定的时候，一定要有自己独立的见解，不要对理财顾问言听计从。另外，我们在平时就应多留心，可以结交一些理财顾问或会计师，他们也许在一些情况下，能为我们提供及时的投资信息。

第三节　经济不景气时的特殊理财方案

失业了怎么理财

俗话说："天有不测风云，人有旦夕祸福。"而工作，对于依靠工资为主要收入的工薪族来说，是饭碗和粮票。在经济全球化的大背景下，一旦某个国家发生较大的经济波动，就会对世界各国的经济产生或多或少的影响，在经济不景气时，可能再好的员工都会丢掉饭碗。失业，尽管是我们可能一辈子都不想拿在手上的"烫手山芋"，但是随着失业率的逐年攀高，这也成为工薪族不得不面临的一大后顾之忧，那么失业了，我们该怎么理财？

假设，如果明天我们就失业了，我们能够依靠存折撑几天？我们不能否认这个假设的存在，环顾我们周遭的亲朋好友，多少人失业后，不出几日就成为众人接济的对象，又有几人在失业后仍然能够保有较好的生活品质，并且从容地寻找下一份工作？

2010年，某公司的白领于文和老婆在厦门的郊区买了一套20多万元的房子。房子首付5万元，贷款20万元，于文和老婆都是工薪族，两个人的工资只有5500元，每个月的房贷就达到3000多元。压力虽然有点大，但一想手里尚有6万元存款"垫底"，总是觉得还算安心。就在他们俩计划着要孩子的时候，于文的公司大裁员，于文不幸在名单内，家庭的收入一下子少了3000元。夫妻两人却没多在意这次的失业，想着还有6万元的存款，肯定不久就能找到工作，于是，家庭的开支还是一如于文失业前的状况。而且在于文找工作期间，空闲的时间多了，时不时地还会和老婆浪漫一回，弄个烛光晚餐。结果两个多月过去，于文迟迟找不到工作，两口子一合计，存款用了大半，一个月后要是于文再找不到工作，还房贷可能都成了问题。

其实，像于文这样的家庭有很多。原本，夫妻二人双职工的家庭的日子过得挺滋润，可一旦其中有一方或双方失业，经济来源锐减时，很多家庭不注重失业后的理财，也不懂得失业后怎样理财，很快就会使家庭财务状况陷入危机。而根据国内数据显示，2010 年中国登记失业率为 4.1%，那么在失业率如此高的今天，工薪族们在失业后要怎样理财呢？

失业后，首先要做的是务必细致地清算我们自己的资产、负债的情况，要根据现金流量来制订一个合理的失业后理财计划。如果我们在之前储蓄丰厚，只要进行较为稳健的投资，适当地控制住投资的力度，安然度过失业期应该不是难题。如果我们银行存折上的数字很小，失业期间我们必须学会抠门，学会斤斤计较，才能在失业危机期间全身而退。

接下来，在失业的这段时间内，最好能罗列出所有的必要固定支出，比如房租或者房贷、水电费、伙食费等，在将这部分的必要支出扣除后，剩下的就是失业期间可以支配的储蓄金额。当然很重要的一点是必须严格把控我们的支出在一个限定的范围内，这样才不会在失业期间产生不必要的资金浪费，从而最大限度地节约财富。此外，在消费时，尤其是购买商品时，要能够做到货比三家，如果能够选购到物美价廉的商品便是再好不过的了。这个时期在财务上，我们要更会"算计"。

当然，对于失业理财，我们也要有危机意识，懂得未雨绸缪。如数据所显示的，在失业率较高的情况下，由于市场经济的不稳定，再找到工作的时间也具有不稳定性。失业时，在短期内并无新的收入，仅凭借过去的积蓄过活，就好比在汪洋大海中航行却断了淡水的补给，在茫茫的招聘市场中，仅有的身边最后的存款必定要妥善计划小心使用。此外危机意识也意味着不能等到失业了，存款消耗殆尽了，才着急起理财，想方设法地弥补资金的空缺，这个时候为时已晚。我们必须为自己工作的丢失随时做好财务上的准备，更要在失业来临时立即着手进行理财方案的设计，使自己可以在失业期从容应对，不让我们的生活品质打折扣。

减薪了如何还贷

眼下，很多工薪族花了大价钱，买了房子，购了车子，用心甘情愿成为房奴、车奴的代价换来了生活品质上的一个提高，并且即使未来有相当长的一段日子需要按月偿还贷款，但都有总归是有了自己的房子、车子这样的一种想法。当我们可能还在计划着怎么花每个月的工资时，哪知所谓的"世事难料"就降临到我们的头上来了。小公司倒闭，大公司裁员，减薪的浪潮更是波及了无数的工薪族，我们也成为倒霉的一分子，原本计算、规划得宜的工资瞬间缩了水。当遇到这样的情况，成为房奴、车奴的工薪族们，该如何应对？

随着近些年经济不稳定性的存在，企业裁员、减薪已不鲜见。2012 年 3 月，宿华就成为减薪大军里的一员。宿华刚买下市区东三环附近的一套两居室的住宅，买房子时宿华做的是 13 年期的商业贷款，贷款 50 万元，房子的月供高达4279.56 元。2012 年 3 月起，宿华所在的公司对员工进行了减薪，他每个月的收入只剩下了 5000 多元，工资缩水了近2000 元。而近年来物价持续攀升，每个月的房贷和家庭的开支让宿华有了入不敷出的感觉。

宿华一直觉得自己流年不利，刚买房子不到一年就被减薪，两三个月前他甚至打算贷款买车，因为某些原因搁置了，现在想来，真是万幸。宿华想到当时如果买了车子，光还贷的钱也够自己成为月光族了。宿华虽然仍有一部分的存款，但这部分存款并不多，现在多变的经济环境使得他也不知道什么时候自己的工资才能涨回来。眼下，还贷成了令宿华抓耳挠腮的难题。

减薪了，如何还贷？这个问题已成为日前日益壮大的减薪大军最发愁的问题。如果我们也是减薪大军里的一员，应该及早地进行财务上的规划，以有效的理财方式来应对减薪还贷所遇到的困境。

首先，我们可以尝试着以房养房。以房养房可以分为两层来理解：第一，我们可以将手头上房子的部分房间出租，以牺牲一定的私人空间和他人共享自己的房子，以争取一定的租金来获得一部分的房贷款项。第二，我们可以将原本有地段优势的房子，整套出租，我们自己则在租金相对便宜的地段租房住，以自己所有的房产的高租金来偿还租房的低租金，等到经济情况好转或者工资回升后再回到自己的房子里，以此来降低我们每月还贷的压力。

　　还有一种降低还贷压力的方法是变更贷款的期限。也许原本你的还款期限是 15 年，但是在同样贷款数额的前提下，如果分 25 年还，每个月的还贷数额就相应减少。尽管从某种程度上来说，延长贷款的偿还期会增加利息，但对于缓解降薪期的还贷压力来说，还是不错的选择，在未来经济状况好转、工资回升后也可以选择提前偿还贷款。

　　此外，还有一种最坏的打算是以房换房。简单来说，就是将我们现有的房产卖掉，选择一段时间的租房住或者购买小户型低房贷的房子居住，但这属于经济上确实出现极大困境时才可选择的方案。

　　当然，对像宿华一样手中还有一部分存款的工薪族来说，这部分的积蓄最好不要轻易动用。这部分的存款可以用于进行一些风险小、收益较为稳定的投资以保证未来一段时间的收益。

　　减薪对于工薪族来说，意味着工资缩水，还贷数目也会相对变大，这使得原本就负债的房奴、车奴的生活雪上加霜。很多人在减薪期，往往显得自暴自弃，对生活失去了信心。在这个时候，应该要清醒地认识到当前的困境，明白该做什么。冷静地清算当前自己的资产和负债情况，合理调整财务上的规划，制订出较为良好、平稳的减薪期的理财方案，保证在减薪期能够按时、及时地偿还贷款，使得自身的生活品质不因为减薪、还贷受到影响。

避险还是出击

在当前，我们关注全球经济的整体发展趋势，顺势而为，才能在理财中让家庭的财富在平稳中闯过重重险关且多变的经济环境，让我们的生活更有品质。但是一旦经济不景气，大部分的工薪族往往是不知所措、手忙脚乱地无法应对，不知道该如何进行财务的规划和设计。

好比 2007 年开始疯狂席卷世界经济的美国次贷危机在终于演化成为一次恶性的金融危机后，很多人惊慌失措地将股市的资金回收，暂停自己的各项投资，把财富都存进银行，认为次贷危机将带来一次"大萧条"的经济危机，只有这样才能保住自己的财富。也有很多人却是激流勇进，想要在混乱的经济大局中捞一笔钱。还有一些人则是做旁观状态，采取事不关己高高挂起的态度，以不变应万变，该怎么着还怎么着。在全球化的今天，大部分人都处于举棋不定的状态，是避险还是出击，不知道怎么做才能更好地把控自己的财富，才能使自己的资产不缩水，甚至在众人亏损的状态下盈利。

常常在面对来势汹汹的经济危机和大范围的经济萧条时，即便是世界顶级的富翁也选择紧守避险资产，他们以较为保守的姿态来应对经济不景气。更有资产经理人和银行家曾在路透财富管理峰会上表示，在经济疲软时期，黄金、现金和政府公债往往变得炙手可热，是较为牢靠的理财方式。

对于工薪族来说，经济不景气时期，家庭理财首要的目标就是防范因为经济萧条导致的收入减少、财富缩水，我们也不得不在想要保本和增加财富的双重目标下未雨绸缪，而且在这个时期不应一味避险，当前的经济化社会，我们应该有新的观念来进行理财，要有"攻守兼备"的理财方案。

所谓的保本就是在规避经济不景气时期众多风险的同时，守住自己原本的财富，不赚不亏，但是过于保守的理财方式会让这种目标化为肥皂泡。而从另一个角度来说，只有财富的累积和增加才能让我们有较好的抵御风险的能力，这往往有赖于积极的进攻。

总而言之，如果我们想要让自己尽量降低由于经济不景气所受到的负面影响，在保本和增值二者之间取得一个平衡是至关重要的。于是在经济不景气时期，我们就需要审视一下，怎样的理财手段和方案才能达到攻守兼备的目的。

在经济不景气时期，首先要做的是废除原有的理财方案，特殊时期应该进行新的理财方案的调整，因时制宜地进行全新的理财规划和实施。这其中首当其冲要做的就是根据当前的社会经济状况，对我们的财富进行全新的、全面的了解。在对我们的资产有全方位的把握后，要学会调整各项投资的比例和份额；再基于当前的市场环境，尽量选择较为稳定和安全性较高的投资方式，也可以尝试短期的理财产品，以在较短的时间内获得收益。

而后我们在接下来的投资中要降低对收益的要求。这一阶段中，整体的经济环境都处于高风险的状态，此时如果再一味地追求高收益便是极不理智的，要本着谨慎小心的心态，在保证实力不减弱的前提下，才能在这样的经济环境中累积财富。

很多理财专家和理财规划师在这个时期提到的很重要的一点是资产的流动性。基于经济不景气和经济危机时期，经济不稳定性的增强，流动性大的资产可以成为我们手中灵活的鞭子。这样可以很好地把握投资的方向和程度，降低财产中的风险，这对于资产相对有限的工薪族来说可以寻找到最有利的财富累积方向，在很大程度上避免了这个时期投资的风险。

其次，在经济不景气的时候，我们要学会反向的思考问题，看清楚在经济冷空气中的温暖地带，主动出击。毕竟事物总是存在着两面性，比如在股市较为低迷的时期，往往我们会发现楼房的价格也处于低谷时期，整体的楼价下跌，贷款利息也较低。在这个时期，如果有足够的资金实力，可以考虑以购房来进行投资，毕竟楼房属于不动产，在未来经济回暖时期，房产或许可以成为盈利的一大关键。

对于生活在社会经济中的我们来讲，经济不景气可以说是我们的噩梦，尤其是很多热衷于投资理财的工薪一族的梦魇。但这个事实总是存在的，即使今天不发生，我们也不能武断地说经济不景气和经济危机不会发生。在真正与危机面对面时，我们要尽量做到冷静处理，选择最为有优势的理财方案，攻守兼备，在危机中运筹帷幄，让我们的财富能够平稳地甚至积极地度过危机时期。

经济不景气，做什么最赚钱

经济不景气时，经济危机到来时，很多人失业了，降薪了，下岗了，人们对于赚钱失去了兴趣，或者说，人们对赚钱失去了信心。毕竟经济不景气是大环境下的一种社会经济现象，不是凭借一个人的力量就能够改变，而且经济不景气往往持续很长时间，这就使得很多人对于理财投资失去了信心。但是，仍有不少工薪族在思考一个问题："经济不景气时，要做什么才是最赚钱的？"毕竟"没有钱是万万不能的"。我们需要依靠金钱来换取相应的物质商品来维持生命，来提高生活水平。于是，这一问题成为经济不景气时期最为炙手可热的话题。

很多人认为，危机就是机遇，在危机中能寻找到赚钱的项目，合理理财。这部分人往往在经济不景气时期也能生活得如鱼得水。很重要的一点是我们要树立起经济危机下的创业投资的信心。危机是"危"和"机"组成的，有"危"必有"机"，即使在中国晚清年间动荡的战火岁月，也能造就胡雪岩这样的巨商富贾，这也就是常说的时势造英雄。

工薪族往往在经济不景气时期受到比较大的波动，他们的工资收入会受到经济浮动的影响，很多人往往萌生了在工作以外赚钱的念头。如果能够选择到最赚钱的行业，即使某天经济不景气的情况愈加严峻，也不用担心被裁员后的经济问题。

　　作为工薪阶层中一员的小夏原先是心理学系的学生，大学毕业后进入某公司担任助理一职。金融危机后期，经济不景气的现象一直存在，小夏的工资也降了几次，自己的日常开支也逐渐拘谨起来，她也始终担心资历尚浅的自己终有一天会进入裁员大军的行列。某天在家中观看婚姻调解类的电视节目，小夏忽然闪过一个念头。

　　小夏认为，经济稳定是一个家庭稳定的基础。如果一个高收入的丈夫突然降薪了，甚至是失业了，高级住宅不能住了，买的车要转手了，生活品质忽然就下降了——经济不景气导致的生活方式的改变，不仅让人无法习惯，也常常让人无法承受。夫妻之间在情绪上的郁闷与纠结就不可避免地发作起来，又会升级成为吵架甚至离婚。小夏觉得婚姻门诊对于在经济不景气时期的家庭来说应该是个很好的选择，这一区域的市场应该是不错的。于是小夏凭借自己在大学里的专业优势，在上班之余开设了一家婚姻诊所。可以说，在这个时期，小夏是挣足了荷包，在同事们都在为经济不景气唏嘘不已时，小夏已经找到了另一个财富的来源。

经济不景气时期，很多工薪族像小夏一样通过自主创业而日进斗金。从当前繁杂的各种行业中，我们可以发现，很多行业是在经济不景气时期最赚钱的行业。

在经济不景气时期，即使每个人的生活水平、工资进账大大地减少，但是总有一部分的消费是不可避免的，而这一类的消费往往集中于生活必需品的行业，也就是我们常说的大众消费行业。这一领域是无论谁都能掏出钱来进行消费的。一旦发掘这个领域的商机，在经济不景气时期，我们必然能挣到不少的财富。

此外，在当前电子商务火爆的网络时代背景下，从事电子商务或是与网络相挂钩行业的一些从业人员往往都较少地受到经济不景气的影响。当前网络消费已经成为一种较为物美价廉的消费方式，网络平台商品往往低于实体店中产品的价格，这也就吸引了大量受到经济不景气影响的人们的目光。网络的各项优势成为一个巨大的市场，也存在着无限的商机。

在有相关技术和知识的前提下，如果工薪族能够在网络经济中分得一份羹汤，也能够在这个时期，赚取不少的金钱。

当然俗话中所说的"再穷不穷父母，再苦不苦孩子"也成为经济不景气时期我们挖掘财富商机的一大醒目标志。孩子和老年人的相关行业在这一时期往往受到的影响也较小。如果能够把握到该领域的商机，更是能创造不少的财富和利润。还有一些成本较低的行业，虽然每日的进账相对较小，但在经济寒流期不可避免地具有了风险较小的优势。

经济不景气并不意味着贫穷日子的到来，也不代表着财富的缩水。在经济不景气的危机中寻找商机，做好合理的理财方案，能让我们在萧索的经济中找到致富的道路，能够让我们在他人艳羡的目光中平稳地度过经济危机，甚至迎接更加巨大的财富。

第六章
保障：风险防控，终身理财

第一节　再稳定的收入都会有风险，要有防范意识

投资有风险，不投资同样有风险

相信大部分人都听说过这样一句话："投资有风险，入市需谨慎。"很多人在听过这话之后，更对投资表现出抵抗态度，以为只要远离了投资，自己就能躲避风险。抱有这种想法的人，只是看到眼前的利益，而缺乏长远与深刻的眼光。在目前的社会形势下，投资确实有风险，但是不投资的话面对的将是更大的风险。

随着个人财富的积累，奢侈品越来越成为人们的消费及投资热点。然而并不是任何奢侈品都具有投资价值，有的奢侈品购买来后就不能升值，比如属于消费品类型的普通包款、

衣服、皮鞋、腰带等，会随着使用时间的增长而老化，即使不用也不会升值，只能贬值。股票更不用说了，千千万万的人们栽在了这个上面，数不胜数。那么不投资是不是就没有风险了呢？答案显然是否定的。

一些人为了避免风险，对投资抱着抵抗态度，不做任何投资，天真地以为只要自己不进行投资，市场再大的变动也与自己无关。事实上，每个人都是社会经济生活的一部分，无论如何都会不可避免地受到市场的影响。当股市上涨的时候，不投资的人没有享受到收益，反而无形中受损；当股市崩盘时，不投资的人照样躲不过，受到间接的冲击。

最近，很多工薪族都感觉"生不起，活不起，生活不起"。"蒜你狠""豆你玩"，更让我们的收入大打折扣，通货膨胀不容忽视。不投资其实也存在风险，同样的钱在三年前的购买力和现在的购买力是完全不一样的。投资是让钱变得更多的过程，同时又分担了风险，所以说不投资同样也存在风险。哪个才是我们更能承受的呢？

我们可以看到，自己身边很多人通过投资赚到钱，然后开始买房，买车，送子女出国读书，生活水平较以前得到了大幅度提高，一家人其乐融融，而那些安于现状的人却背负着越来越多的生活压力，生活水平不断下降，有的甚至出现仇富的心理。他们总是希望见到市场大跌，跌得越惨越好，甚至希望大崩盘。这样的心理已经从"吃不到的葡萄就是酸的"变成"只有酸葡萄才是好的"，其实这不过是一种自我欺骗与逃避。一旦市场出现了严重的危机，任何人都不可能置身事外。

把家里的收入理智地进行投资，这种活动是可控风险的活动。问题的关键是，要正确地综合运用避险工具和风险投资工具，在私人理财中很好地避免风险。投资人要有一个理智的资产分配头脑和长期投资的理念。应对当前很混乱的投资市场，需要赚钱、存钱、钱生钱，更要做好合理的投资组合，使投资多样化，有效避免因为投资市场波动而带来的风险，达到保护自己资产的目的。

诚然，投资的风险是存在的，谁都不能保证投资一定会带来财富，但是如果我们不投资，就完全没有致富的机会，既然这样，那何不一试呢？

安全的投资产品不等于安全的未来

在我们进行投资理财的时候，大部分的工薪族都会选择稳定、安全性高的产品，比如储蓄、保险、货币型基金，这些产品基本能做到保本，本金一般不会受到损失，收益率稳定，相对安全。但若辩证考虑，那么就如同高风险不一定会带来高收益一样，选择安全的投资产品也不意味着拥有安全的未来。

众所周知，安全的投资产品排名第一的是储蓄，但是储蓄也有风险。如果银行利息率低于通货膨胀率，那么本金会遭受损失，定期存款提前支取收益也会受到损失。目前我国的通胀水平在可控范围内，我们主要谈一下存款利息的损失。

银行储蓄卡跟生活关系最密切，但也最容易忽视对它的打理。活期存款的利率很低，很多企业员工工资卡里有大量的现金，工资卡大部分都是活期储蓄，每月只从中取几百块钱作为生活费，剩余部分也不转存，时间久了积累起来就是一笔巨大的损失。

储蓄存款种类很多，一般时间越长利息越高，但若是提前支取则无法享受高利息。应对方法有两个，一是办理部分提前支取。如果所需款额小于总额，那么就支取那一小部分，剩余的还按原利率；第二种是以那些定期存款为质押办理小额贷款。

随着居民物质水平的提高，越来越多的家庭购买保险来防范风险，为自己准备一份保障。但是买了保险，出了险情，要找保险公司索赔时，却经常会遇到困难。

吴娜是一家音响店的销售员，某保险公司代理人李某，经常到她所工作的音响店推销保险，看到很多同事都买了保险，她也心动了。吴娜说："我们打工妹一个月就几百块、上千块钱而已，一般来说小病不去医院，去医院的都是大病，所以想买长期的保险。"

她最终选择了李某代理的保险公司推出的"友邦防癌健康保险"。据吴娜讲，这几年来，她都按时缴纳了保险费，而且一直以来身体也都很好。

可就在 2010 年 5 月，吴娜不幸被确诊患有"非何杰金氏恶性淋巴瘤"，但找到投保的保险公司索赔时却遭到拒绝，而且保险公司还单方面终止了合同。

保险公司称，吴娜 2006 年 6 月的时候，也就是在她投保之前，就做过一个"右颈淋巴结活检"的检查，可在投保时她却并没有出具这份报告，没有履行告知义务，因此拒绝理赔，但吴娜表示在投保前就已告知保险公司。投保前还是投保后出示的这份检查，成了争议的焦点。

保险公司拒赔后若要坚持主张赔付则要走法律程序，不管胜负，都要耗费大量的金钱、精力和时间。如何避免保险公司拒赔呢？专家建议如下。

第一，在投保时尽量详细地告知自身状况，并保留已告知的证据，一个小小的疏漏就有可能成为以后保险公司拒赔的理由。

第二，及时缴纳保费，有些投保人未能按时缴纳保费，直至过了"宽限期"，此后保险合同就失效了，万一发生了事故，也会被拒赔。

第三，在申请理赔时，带齐索赔单证、材料。

第四，申请理赔注意不要超过理赔请求权的时效。

第五，不要谎报、伪造或者故意制造保险事故。

理财产品的收益率、稳定性等指标都是在总结过去的基础上预测出来的。每个人的未来都是不确定的，没有绝对的稳定。人们可以总结过去，但不管是谁都无法准确地预测未来。

有的朋友可能为了资金的安全选择相对稳妥的投资方

式，但是这些安全性较高的投资产品的收益率肯定是相对较低的，如果投入的资金不足，最后就可能存不下足够晚年优质生活的养老金，那么我们的未来就不那么安全了。所以说，安全的投资产品不等于安全的未来。

若是选择了质地不好的投资产品，或者像吴娜那样购买了保险最后不一定能获取保金，看似再安全的投资产品，也不可能给我们的生活带来保障，甚至可能徒增烦恼。

视"变化"为常态，时刻做好准备

上过中学的工薪族都明白这样一个道理：运动是绝对的，静止是相对的，世上万物每时每刻都处在变化之中。我们所做出的投资也是时刻处在变化之中的，这就需要我们能够正确地认识生活中的各种变化，视变化为常态，以相对冷静、理智、宽容的态度去面对自己所做出的投资决策。

所谓"有心栽花花不开，无心插柳柳成荫"，曾经坚定认为完美无缺的选择一路走下去或许收获甚微，一次没抱希望的尝试或许打开生命的新篇。命运就像淘气的孩子，不厌其烦地捉弄着我们，打磨着我们的信心和骄傲。命运是人生的发展轨迹，究其本质就是变化。变化可分为人为的和随机的，那些随机的变化让我们学会了谦虚、谨慎、耐心、宽容。

佛经云："得失从缘，心无增减，喜风不动，冥顺于道，是故说言随缘行也。"人的时间、精力、心理资源有限，获得的同时必定伴随着失去。"随缘"并不等同于不作为，每个人都有追求幸福生活的权利。只是当情况变化，追求不到、遭受打击、利益受损时要学会直面挫折。

我们都是一步步走向成熟的，做股票最初可能会因为股价不到1%的涨跌焦躁不安，因为少卖了一毛钱捶胸顿足，可能几年之后即使面对10%的震荡也不会皱眉头，因为那时的我们已经养成了自己的操作纪律，养成了独特的操盘手法和习惯。先不谈这习惯的优劣，但是心理素质、风险承受能力得到了锻炼。这才是最大的收获。

生活中层出不穷的变化让57岁的辜女士焦头烂额，现在摆在面前的是道难解的选择题：一边是儿子筹办婚房急需筹集的首付款，另一边是被股市深深套牢的投资金。到底要不要果断割肉将钱用在买房上面，还是再等等看，期待股市回涨、房价下跌呢？

辜女士夫妻都是公务员，两人距离退休还有3年。两人的经济收入一直非常稳定，辜女士的工资收入在 5000 元左右，丈夫的收入近 8000 元。27 岁的儿子大学毕业后有一份收入可观的工作，开支与父母基本分开。夫妻俩给了儿子一个比较独立、自由的财务空间，此次家庭理财规划也并不打算将儿子的一份算在其中。

由于夫妻二人都是公务员，对于退休后的生活，辜先生倒不是很担心。两人的退休收入可能会在 1 万元左右，按目前的消费水平看，日子可以过得比较轻松自在。

不过，谈到家庭资产，辜女士就有一丝无奈了。"从 2010 年下半年开始，考虑到通货膨胀因素，觉得钱放在银行账上容易贬值，以后还要赞助儿子买房首付款，所以我把家里大部分积蓄都陆陆续续地投资了基金。"

因为对个股情况不太了解，她日常投资选择了偏股型基金为主，前前后后一共买了五六个品种，现在都套牢了，总的亏损幅度都在百分之二三十。自从账户亏损后，辜女士就一直不想去面对，尽管中途好多次想"割肉"，但都狠不下心。

辜女士犹豫不决，一方面她觉得首付的钱早晚要拿出来，担心基金市值会继续下跌，还不如早抛好；另一方面又觉得股票可能已经在底部了，万一抛掉以后上涨了，岂不是"亏"了吗？还不如再拖一拖，等到房子确定下来，再把资金从基金中取出付首付。

当我们对自己的生活或者投资做出了安排并已经实施之后，总是希望它们能够一直不变，一直都在自己的掌控之中。但是生活的发展由不得我们，各种各样出乎我们意料的事情多得数也数不清。这就需要我们能够适应总是变化的生活，让自己时刻做好迎接变化的准备。

我们应该用一颗平和的心去看待生活中、投资中的变化，享受变化带来的便捷和快乐，相信自己的努力可以改变自己与家庭的生活现状，创造美好的未来。不管多大的人一样拥有未来，让我们整理好心情，准备出发，从投资活动中体验"变化"，赚出自己的优质生活！

薪水族降低风险的方法

在投资的过程中，隐含着众多的风险因素，而工薪族原本可以用来投资生财的钱就不多，因而不能够不顾风险孤注一掷，求取一夜暴富，这样做的话，90%都是以失败收场的。古代作战的人常说"兵马未动，粮草先行"，让军队无后顾之忧之后才出动。我们做投资，也需要降低自己的投资风险，尽量保证自己那点微薄的本金安全，那么，工薪族应该如何降低自己的投资风险呢？

1. 弄清楚自己的风险承受度

不同的风险承受度所能够适应的投资项目也不同，如果我们盲目投资而引发我们难以承受的亏损，就会给我们的生活带来一些不可逆转的遗憾。所以，在投资之前弄清楚自己的风险承受度是最好的降低风险的方法。为此，我们在开始投资之前，一定要评估出自己可承受风险的程度。

2. 定期定额投资

定期定额的投资方法并不是只适合基金投资，我们可以根据每个月领工资这个特点，拿出一定比例的工资来分批买入。它可以作为零存整取的升级替代方式，在积攒财富的同时进行投资，既达到平均投资成本分散风险的目的，又能摆脱做选择时的烦恼。

吕玲是个不折不扣的彩民，每周定期花100元购买彩票。她认为，用100元的小钱去投资，就有收获500万元的可能，实在是很值。她从第一次购买彩票至今已经坚持5年多了。

在她的眼中，只要能够坚持，肯定有中大奖的那一天。但是5 年过去了，她获得的最大奖金额仅为 1000 元，中奖的次数也只有可怜的 3 次。

如果细细地算一笔账，就知道这个习惯吞噬掉了她多少钱：一年总共有 52 个星期，按照每星期投资彩票 100 元计算，5 年，总共在彩票上花费的金额是 26000 元，再减掉她 3 次总共的中奖额 3000 元整，彩票投资总共吞掉吕玲 23000 元整。

如果吕玲把她每月用于投资彩票的钱拿来投资基金，假使是购买年收益率在 5% 左右的基金，如果采用定期定额固定投资法，然后再将每年的分红转为再投资，这样，5 年来她可获得的投资本金及收益总共为 3 万元。若按 10% 的复利计算，5 年的本息和就更高了，如果能坚持 10 年收益则可能突破 8 万元。

3. 坚持长线投资

我们都很清楚，不管干什么工作，我们忙起来根本就没有时间去关注社会上的各种各样的信息，所以，如果我们选择短线投资的话，就会在无形之中加大我们的风险度，因为我们在忙碌中可能会错失一些最重要的信息，而且匆忙之间的决策可能会让我们选时失误。而长期持有是一个非常简单的方法，不需花费太多时间与精力，最终还是会获利，所以，这种方式可以说是最适合我们工薪族的投资方式。

4.购买必要的保险

如果我们"裸身"上阵，即使我们的投资非常顺利，赚到的钱只要一次意外事件或者是一次大病手术就有可能花光，所以，我们不要光顾着生钱，也要想办法护钱。在我们采用各种各样的生钱措施时，应把必要的保险都购买齐全，让自己无后顾之忧。如果有损失发生，我们还有保险金保护自己。

第二节　给未来生活一份保障

越是没钱，越要尽早买保险

以前"天有不测风云，人有旦夕祸福"的保险广告标语随处可见，这样的广告语让很多工薪族以为保险就是保平安。其实，保险并不能让我们一生平安，它只是在资金上保障我们的损失减小而已。即使是这样的理解，很多工薪族还是觉得保险就是有钱人的专利。其实，越是没钱，越要尽早买保险。

在生活中，谁也不希望考虑事故、老年、疾病或者死亡的问题，然而人生在世难免会有风险。人不能永远交好运，能幸运一时，但谁也不能担保幸运一世。既然我们不知风险何时降临，除了担心外，更应该为自己做好准备，拥有充分保障。面对多变的人生，每个人都渴望安全和稳定的生活，但是，一次意外可能就使我们负债累累，一次事故可能会拖垮全家，因此保险对我们没有钱的人显得更加重要。它使我们在最需要的时候，不必靠运气，不会有遗憾。

现代工薪族有三大烦恼：一是活得太久，自己要钱用；二是走得太早，家人要钱用；三是中途波折，大家要钱用。这样说看似是个玩笑，但是也有一定的道理。从保险的角度来看，每个工薪族在人生的各个时期就必须为自己做好"风险保障"，让保险成为人生各阶段的生命屏障。

25岁的肖林是一位上海姑娘，又是家里的独生女，这样的背景一定会让人觉得她八成是个衣来伸手、饭来张口、生活无忧的人，但事实恰恰相反。肖林的父母很早以前就下岗了，母亲身体又不好，多年来靠父亲四处打点零工维持着艰难的生活。肖林在四年大学生活里一直坚持勤工俭学，直到她去年毕业，靠优异的成绩过五关、斩六将进入一家外资企业工作，拿着优厚的薪水，一家人才终于松口气，父母终于可以不必再那么辛苦，准备安享晚年了。

工作后不久，肖林认识了一名寿险规划师。在寿险规划师的建议下，她购买了 20 万元的意外伤险。

正当肖林的父母为有这样一个好女儿而欣慰的时候，不幸的事情发生了，某天肖林参加一个聚会之后，在回家的路上发生了车祸，伤势很严重。这对肖林的父母不啻一个晴天霹雳！面对巨额的医疗费，肖林的父母一筹莫展。就在这个时候，寿险规划师将肖林购买的保险赔偿金送到了肖林家。拿着这张 20 万元的支票，肖林的父母老泪纵横，女儿终于有救了。

拮据的家庭面对女儿肖林的巨额医疗费一筹莫展，如果不是家境非常富有的人家，没有保险费，根本不能够支付这些医疗费，所以说，越是不富有的人家，越要尽早买保险。

对大多数工薪族来说，生活中遇到危险是难免的，常常有些意外毫无征兆不期而至，并因此造成各种程度不等的经济损失。如果我们事先购买了适当的保险，那等于筑起了一道坚固的防线，有些不幸就只会成为一种经历，犹如大海中的一次退潮，不会影响生活质量。

俗话说："晴带雨伞，饱带饥粮。"出发前做好准备工作，遇到任何事情都会从容不迫，保险正是人生中从容不迫的准备。人生是长途跋涉的旅行，既然注定会有坎坷和崎岖，何不给车加满油，准备好备用胎。人生不打无准备之仗，一个对自己和家人负责的人总是未雨绸缪，在出发前就做好准备。提前采取防御措施，正确面对风险，降低风险的伤害程度，这是每个现代人必须面对的课题，而保险，正是应对意外风险的有效工具，毕竟预防比治疗重要。

人生有太多的等待，但有些事是不能等的，比如保险，因为我们无法预知未来，不知道哪一天会发生意外。在买保险的时候觉得多余，当意外发生时，又会后悔买得太迟，买得太少。与其将来后悔，不如现在立即行动，为自己的幸福人生加一道保险。

搞定三种保单，终生没烦恼

说起保险，经常会有人说："好好的，买什么保险！即使生病了，我不每月都有工资吗？几年下来存的钱也够应付

'飞来横祸'了,所以我根本用不着买保险！"事实是这样吗？是的，我们工作了五年，努力攒下了50万元，可是我们能够保证这50万元支付自己或者家人的突发疾病吗？我们能够保证这50万元让自己应对事业上的进退维谷吗？……退一万步来讲，即使利用这50万元能够应对一切难料之事，然而，当这50万元花完之后，我们还拿什么来养活自己和家人，保证生活品质的一如既往呢？

实际上，世界上只有一种人是可以不用买保险的，就是一生之中永远有体力、有精力赚钱，同时不生病、不失业的人。当然，还得家里人都不生病，房子不会遭水、遭盗，不开车，或是车不会被剐蹭、被盗抢，等等。如果我们不是这样的人，最好还是加入保险投资的大军中去！因为保险是我们人生的"防弹衣"，有了它我们的人生才有可能不被外来的灾难所击垮。

现在，我们的保险市场已比较健全，我们可以找到各种各样的保险的种类，这些保险适合各种状况的人和人生各个周期的生活需要，可以说，只要是我们能够想得到的保险，保险市场都能为我们提供。但是，我们不可能把所有的保险都买下来，即使我们有这个心，也没有这个力。其实，只要我们搞定三种保单，我们就可以终身没有烦恼。

1. 意外险是第一个要搞定的保单

所谓天有不测风云，谁都预测不到自己下一秒会不会安全，毕竟意外事件时有发生，我们也保不定自己能够平安一辈子。最近新闻总是报道哪里哪里又出了重大交通案件，死多少伤多少。

如果在这些死伤的人中，刚好有某个家庭的经济支柱，那么，遇上这样的事，他们的伤亡对家人不仅仅是精神上的伤痛，经济上也会大受打击。但是，如果事前购买了意外险，情况就会有所好转，至少经济上会得到一些补偿。

我们投保意外险的时候，一定要把一些非因疾病引发的外来事故，小至擦伤、扭伤看中医，大至伤残身故理赔的因素考虑进去，这样我们就可以得到更加全面的保障，也可以避免因为意外残废，而长期耗费家里的资金。而且，我们在办理意外保险的时候，不要总是盯着最高的理赔金额，因为这份意外保险也许只保那些特定的事故发生的死亡或残废。这当然对受益人是一份保障，但如果发生意外没有死亡或残废，这样的保险可能就会拒绝理赔了。所以，我们在办理意外保险的时候不要总是只考虑最高的理赔金额，如果我们希望保险能够在我们发生意外事件之后为我们分担多少手术与住院医疗费用，就必须事先约定好。

2. 医疗险是第二个要搞定的保单

现在社会的医疗成本越来越高，包括住院的床位费、药费、护理费、治疗费等。可以说，一场大病就可以耗尽我们所有的辛苦积蓄，即使一年能够赚到 10 万元，也禁不住一场大病所需要的消耗。

虽然现在我们的工作单位都会为我们上医疗保险，但是，如果来了一场大病，这样的医疗保险是不足以支付我们的医疗费用的，有的时候，甚至拒绝给我们报销。所以，为了能够保障我们能够及时得到治疗，我们就有必要投保一些商业的医疗保险。

医疗保险在我们有收入的时候就要未雨绸缪，规划完善的医疗保障，才不至于让自己或家人因为疾病需要医疗费用而拖垮整个家庭。

3. 寿险是第三个要搞定的保单

寿险是一种以人的生死为保险对象的保险，是被保险人在保险责任期内生存或死亡，由保险人根据契约规定给付保险金的一种保险，一般分定期寿险与终身寿险，定期寿险保费低，但有一定的期限；终身寿险保费较贵，通常只要缴费20年就能保障终身。如果你正好是家里的经济支柱的话，寿险是必须投保的一个险种。俗话说，如果是爱家人的人，请多准备一份"寿险"。

只要我们能够搞定以上的三种保单，即使生活中出现了一些意想不到的不幸的事情，因为有了三种保险的保驾护航，家庭的经济也不至于受到严重打击，对家庭生活也是一种保护。如果三种保险都已经搞定了，我们就少了很多烦恼了。

买保险不必一步到位

在某保险公司的一次客户座谈会上，一位中年保户说，自己至今购买的保险已经达到十余种，常常是保险公司推出一个新险种，经过代理人的一番推荐，他就会投保。累积下来，每年需要交纳的保费超过了20000元。

从这位保户的经历中，我们可以看到，如果我们参加过多的保险，保费也是一笔特别大的支出，而工薪族的工资又不多，如果我们一步到位买下了所有的保险的话，恐怕会给自己造成日常支出的过重负担，给我们的生活带来很大的麻烦。所以，虽然参加保险是好事，我们工薪家庭也没有必要一步到位把所有的保险都买齐了。

事实上，人在不同阶段要选择不同的保险，而在同一阶段选择的保险无须面面俱到。比如说，选择健康保险时要根据自己的工作性质、收入情况、家庭状况、年龄及身体状况等因素对风险进行客观评判，最后根据经济承受能力来衡量具体的保障程度。那么我们在有限的资金情况下，应该如何一步一步给自己配好保险，让自己的生活安枕无忧呢？这就需要我们了解在人生的各个阶段所需要的保险了。

1. 少儿时期

这是人生成长的关键时期，由于自身抵抗力较弱，容易受到各种疾病的侵袭，所以一份住院医疗保险是必不可少的。另外，少儿的自我保护意识也不强，容易遭受意外伤害，可以适当选择意外伤害医疗附加险投保。

这个时期的保障程度可以选择中低档，基本可以满足实际需要。所以，对于我们的孩子，我们只需要选择那些中低档的保险就可以。不要因为只有一个孩子就把所有的险种都给孩子上了，这是没有必要的，对我们的生活也没有太多的帮助，反而会给我们的经济造成很大的压力。

2. 中青年时期

这是人生的黄金时期，处在事业的开创和发展阶段，多数受险人也是家庭的主要经济支柱，健康状况有着格外重要的意义，因此对保障有很强的需求。重大疾病保险、住院医疗保险、意外伤害医疗保险都必不可少，给自己一份全方位的保障，以求后顾无忧全力开拓自己的事业。

这个时期的保障程度应该选取中高档。因为我们正处于事业的巅峰时期，而在这个时期，我们也是整个家庭的经济支柱，如果我们倒下了，我们的家庭经济就会倒塌，所以我们必须给自己购买中高档的保险，以保证我们家庭生活的质量不因意外事故而降低。

3. 中老年时期

这是人生的收获季节，但同时也是各种疾病的多发期，很多重大疾病都在这个阶段出现，因此一定要有一份重大疾病保险，预防巨额医疗费用的支出。这个阶段的住院治疗概率也大大增加，最好也有一份住院医疗保险。相对而言，意外伤害的保障需求则不突出，可以投保较低金额。这个时期的保障程度以中档为宜。

了解了人生各个阶段所需要的保险，我们就要权衡一下，自己的保险和孩子以及父母的保险，谁的保险更加重要。如果我们的资金极度有限，只能为一个人买保险的话，我们就一定要给自己家庭中的经济主力购买，这样才能够保障我们家庭的生活质量。

保险很重要，但不要保错了

保险是堵住我们财务漏洞的最好保障，它对我们的财产是非常重要的，但是我们不能因为它的重要性而眉毛胡子一把抓，让自己保错了。要知道，保险只有适合自己的才是最好的，这样才能花最合理的钱得到最为贴心的保障，如果保错了，不仅发挥不了堵财富漏洞的作用，还会让我们浪费钱财。那么，我们该如何确保自己不会保错保险，不会让自己白白浪费钱财呢？

要想让自己选到最适合自己的保险，让所有的保险都发挥效用，就要在确定自己有投保的需求后，立刻开始收集相关的信息，留意各种保险的特征和区别，并在购买保险前做好以下工作。

1. 自我检测

就是我们自己要根据自己的职业、收入、家庭情况、年龄等对自己生活中所面临的各项风险进行预测，看哪些方面存在隐患和漏洞，需要保险来提供保障。

2. 熟悉保险公司

保险公司都必须经过保监会的批准才能设立，但是不同的保险公司设置的保险条款各有不同，因此，我们要看公司保单中的条款是否更适合自己，服务是否更周到、更人性化，也更值得我们信赖。保险公司的信誉对于投保者来说十分重要，我们不妨多查查保险行业的相关资料，然后再挑选要投保的公司。

3. 量力而行

应该根据自身实际情况，在一定范围内适当购买人身保险，而不是多份投保。尤其对于刚工作的年轻人来说，收入还不稳定，缴纳高额的保费，无疑也成了经济上的负担。如果资金上周转不开，退不退保都很尴尬。

4. 选对险种

保险具有特殊的性质，它对于个人来说，具有身份上的依赖性，其他的东西可以转让或者送人，可是保险不行。它更多地体现了个人的需求，所以我们必须选择符合自己条件的险种。保险的种类很多，市场上推销保险的人也很多，为了避免购买自己根本用不上的保险，我们首先应清楚自己在哪些方面有保险需求，不能仅因一时头脑发热，听别人的话就买保险，当危险真正来临的时候才发现投保的险根本帮不上忙，那就已经太晚了！

其次，还要慎重选择适合的保险公司。参加保险，是人们保险意识不断加强的表现，可保险公司有很多，应该选择哪一个呢？怎样评估一个保险公司呢？我们可以参看如下的标准。

1. 公司实力放第一

建立时间较长的保险公司，相对来说规模大、资金雄厚，从而信誉度高，员工的素质高、能力强，他们对于投保人来说更值得信任。我国国内的保险业由于发展时间比较短，因此主要参考标准则为公司的资产总值、总保费收入、营业网络、保单数量、员工人数和过去的业绩等。消费者在选择保险公司的时候不应该只考虑保费高低的问题，购买保险不是其他货品，除了看价格，业务能力也很重要。较大的保险公司在理赔方面的业务较成熟，能及时为我们提供服务，尽管保费较高，但是能够保证第一时间理赔，仅这一点，就值得我们选择。

2. 公司的大与小

作为一种金融服务产品，很多投保人在投保时，在选择大公司还是小公司上，犹豫不决。其实，在这一点上要着重看它的服务水平和质量。一般说来，规模大的保险公司理赔标准都比较高，理赔速度也快，但缺点是大公司的保费要比小公司的保费高一些。相比之下，小的保险公司，在价格上具有一定的竞争优势。

3. 产品种类要考验

选择合适的产品种类，就是为自己选择了合适的保障。每家保险公司都有众多产品，想要靠自己的能力一点点淘出好的来并不容易，不过，找到好的保险公司就不同了。因为，一家好的保险公司能为我们提供的保险产品比较完善，可以从中选择应用广泛的产品，便可省了众多的烦恼。而一家好的保险公司一般应具备这样几个条件：种类齐全；产品灵活性高，可为投保人提供更大的便利条件；产品竞争力强。

4. 核对自己的需要

保险公司合不合适最终都要落实到自己身上，我们的需要是什么？该公司提供的服务是否符合我们的要求？我们觉得哪家公司提供的服务更完善？精心地和自己的情况进行核对、比较，这才是我们做决策时最重要的问题。

第三节　提前为退休买单

制订退休计划，越早越好

人一旦进入老年，就不得不面对收入减少、身体变差的问题。这对大多数老年人来说，都是一个棘手的问题。老年人希望能够老有所养，能够看得起病，但是能满足这样的条件并不容易。这就需要我们在年轻的时候提前做好规划，为自己退休之后的生活做好安排。那么，退休计划什么时候制订比较好呢？

常先生一家税后月收入是 1.3 万元，夫妻二人都 30 岁，常太太每月净收入 5000 元，常先生每月净收入 8000 元，两人正常生活的必要开销（包括吃、喝、行、穿、通信、家中水电煤气等必要费用）是月净收入的 60%，每月的结余为 5200 元。

假定双方在 60 岁退休，需要维持 25 年的退休生活。

为保证目前的生活水平，退休时开销至少是现在的 70%，那么他一年需要 159037 元的资金，退休后的 25 年总生活开销是 5798361 元，而通货膨胀以每年 3% 的速度增长，退休前工资也以 3% 增长，那么每年的结余在退休时一共是：3057767 元，如果要安心度过 25 年的退休生活，缺口达到 274 万元！

当然有人会说，我们还有社保呢。可是大家想过没有，满足自己的必要开销，是否就是我们想要的美好生活？我们想去国内外看风光，还要娱乐等这些提高生活品质的费用，而且，可能我们还会生病，可能会在退休前的某时期失业，每月的结余就显得不实际。所以，我们要提前储备足够养老的资金！

但在现实生活中，失业、离婚、疾病、残疾，不计其数的原因导致退休作为一个遥远的目标被束之高阁，我们优先考虑的总是那些更紧迫的财务计划，像付房贷、换新车。事实上，即使没有灾难性事件发生，很多家庭的预算已经非常紧张，不可能早早为退休作储蓄。

如果说退休前是财富的积累期，那么退休后则是财富的高消费期，而且是抗风险能力逐渐减弱的非常时期。当养老成为被广泛议论的话题后，种种传言和想象，让我们对年老的日子不乏恐惧。事实上，每个人都不希望晚年过得过于拮据。"活得长是人生最大的风险，"有人这样说，"不知道自己能够活多久，退休后再活 20 年还是 30 年？需要多少钱才足够养老？"但换个角度再想一下：如果我们现在为退休后的生活悉心规划、积极理财，那么，到退休时，我们既拥有丰富的人生经验，又拥有一笔可观的财富，能够从容地享受生活，从容地做着自己想做的事。那样的话，我们还会为退休生活担忧吗？

有人说最难做的理财之一就是养老金规划。一个人从青壮年开始，所做的各种投资保障规划中，有相当一部分是为自己退休以后那几十年的日子做打算的。"养老"这个词虽然不陌生，但是"养老规划"对很多人来说却是个陌生的词，很少有人严肃、科学地考虑这个问题。什么时候开始准备养老？实际上是越早准备越好，一般 25 岁以后就可以慢慢接触、考虑这个问题了。

一个完整的退休规划，包括工作生涯设计、退休后生活设计及自筹退休金的储蓄投资设计。由退休后生活设计引导出退休后到底需要花费多少钱，由工作生涯设计估算出可领多少退休金（企业年金或团体年金），最后，退休后需要花费的资金和可受领的资金之间的差距，就是应该自筹的退休资金。

自筹退休金的来源，一是运用过去的积蓄投资，二是运用现在到退休前的剩余工作生涯中的储蓄来累积。退休三项设计的最大影响因素是通货膨胀率、工作薪金收入增长率与投资报酬率，而退休年龄既是期望变数，也是影响以上三项设计的枢纽。

如果我们今年还不到 30 岁，是否曾经想过退休以后要过怎样的生活？应以前瞻性的眼光计划退休后的人生，筑梦余生。

每个人都应该在 40 岁或最晚在退休前 10 年时，以编写退休后的生活剧本作为退休规划的第一步。只有尽量具体地把退休后的生活梦想写下来，才能开始退休生活设计，而这也是退休规划的第一个重要步骤。

提前找份终身职业

大部分的工薪族都很明白，自己正在从事的职业不可能养自己终生，也许连法定的退休年龄都熬不到，自己就得离开工作岗位，而年龄大的人根本没法重新应聘到什么工作。那么，为了我们在老年的时候能够继续过着好日子，我们在年轻的时候就得为 60 岁买单。其实，如果我们能够提前找份终身职业的话，我们就不会有那么大的压力，自己的老年生活也就能够得到保障。

严奶奶已经是 70 岁高龄了，但是每天都会有很多年轻人往她们家跑。那是因为他们都想求得严奶奶的一文半字，有些人甚至留下来亲自帮严奶奶打字，整理稿件。别看严奶奶已经 70 高龄了，她每个月赚的钱可是比她的孙子赚得还多。她多部作品的版权费，加上她的专栏作品，让她的经济收入源源不断地增加。

严奶奶年轻的时候也是普通的工薪族，当时是一个报社的编辑，但是她觉得自己在报社不可能干到 60 岁退休，假如能干到退休年龄她也想象不到退休后的生活会是什么样子，因此她萌生了加强专业性、培养个人品牌进而找到一份终身职业的想法。所以 40 岁过半的她大胆地辞职去英国攻读博士学位，试图改变自己的现状，因为她觉得通过学习提高自己的专业性，日后肯定可以做一名教授或者研究员、专栏作家。果真，现在已经成为专栏作家的她在生活上充实富有，还经常会资助一些贫困的家庭。

看严奶奶现在的生活，想必直到她离开人世，她的子孙们还是能够享受到由她创造出来的财富。如果我们也能够像严奶奶那样提前找到一份终身职业，那么，我们也能够像严奶奶一样一直享受收入不间断的生活。那么，我们该如何找到一份终身职业呢？

这就需要我们在找工作的时候转变我们的观念，很多人在毕业之后总是期望自己能够找到一份高薪的工作，很少有人能够从自己的兴趣出发去寻找工作。如果我们要想找到一份能够终身职业，我们就需要转变寻找高薪工作的念头，而从落实"毕生的职业"这一概念出发，问问自己最喜欢做的是什么，什么时间自己最为享受，做什么的时候会沉醉其中，只感觉时间匆匆而过。当我们回答完这些问题的时候，我们也就可以找到自己喜欢从事的工作。

要知道，能够从事一生的职业，必定不会是轰轰烈烈的，它表面看上去并不华丽，但即便每天干也不会觉得厌烦。看起来并没有什么乐趣，但细细体会，我们还是能够发现其中的幸福感。

这样的职业虽然不能在短时间内给我们带来巨大的收入，但是它能给我们带来持续的回报。

延长职业生涯，退而不休

现在，人的自然寿命越来越长，而职业寿命却越来越短。翻开报纸或者登录网络，大多数招聘广告都要求应聘者的年龄在 35 岁以下。不管在哪个公司，我们能见到的上了一点年纪的员工，除了老板、保洁阿姨，恐怕不会再有别人。所以，除了公务员和事业单位，很少有人能够一直工作到法定的退休年龄。提前退休成为社会常态。退休了怎么办？谁来负担近 40 年的退休生活？这就需要我们能够延长自己的职场生涯，退而不休，让我们的财富"种子"更富足。

一般来说，人过了 40 岁就该处处花钱了，尽管收入有增加，但是支出的增长速度更快，所以人生收支变成负数的时期就是从 40 岁中期开始的。再加上 45 岁后还要面临退休的问题，收入不保的可能性大大增加。所以延长职场生涯可以让我们减轻负担，让我们的财富"种子"延续得更久，毕竟留足过冬的粮食比什么都重要。

　　家住北京的穆太太，退休前在中国科学院地理科学与资源研究所工作，主要搞环境保护。她参加过北京市东郊、北郊的环境评价和国家课题。几年前刚退休，但是不服输的穆太太是个闲不下来的人。

　　"当时我想着，反正也没人要我带孩子，与其在家闲待着，还不如继续发挥余热呢！既对社会做点贡献，又可以增加自己的退休收入。我退休后，还拿了两三个国家大项目，经费中的10%是奖励给我的，所以每年也能有几万元的收入。有了这些钱，我和老伴都挺高兴的。我们去了欧洲8个国家旅游，还去了新马泰、俄罗斯。因为有额外挣得的收入，所以我俩没动国家给的养老工资。老伴比我早退一年，他拿过科学家终身成就奖，也是退下来不闲着，参加了海淀数字化的项目，挣得比我还多。这部分钱，我们主要买些保健品，一部分还能留下来做储蓄、买国债。另外我们喜欢看书，每年书报费都要上千元。"谈起退休后的工作和生活，穆太太笑得眼睛眯成了一条缝。

事实上，中老年人求职虽然受到年龄、身体等条件的限制，但他们丰富的经验无疑是一块金字招牌。只要有一技之长，通常就比较容易找到工作，比如原单位返聘或加入其他公司。因为银发族丰富的阅历和技能水平是企业最为看重的，他们有着丰富的实践经验和广泛的人际关系，只要身体健康，有一定的社会活动能力和协调能力，就能够胜任相关公司的工作。所以，为了能够延长我们的工作寿命，我们最好能够培养自己的专长，让自己有一技之长，即使退休了，也有用得到的地方。

其实，我们可以提前做好职业规划，按照自己对职业风险的心理承受能力来选择职业。如果我们对风险承受能力低，可以选择进入传统型行业，进入人力资本运作规范的大企业，或者选择从事经验积累型的工作，比如医生、会计、教师、编辑等。如果对职业风险的承受能力强，则可以选择进入变化迅速的行业或者企业，从事挑战性强的工作。

在工作中不要总是改变自己的职业方向，因为在不同的行业、职业或者不同性质的公司间频繁跳动，会失去职业发展的连续性，无法积累起自己的核心竞争力，这样就很难延长我们自己的职业生涯，很难再给自己创造收入了。